与300位
室内设计师对话

《自然清新》编写组 编

自然清新

图片提供：徐宾宾　左　昕　易　蕾　罗玉婷

万浪斌　何志东　刘　丹　王　琪

李　斌　黄子平　余　晶　苏丽萍

贾小帆　陈　莉

配　　文：陈月琴　林皎皎　余志英

U0311194

海峡出版发行集团
THE STRAITS PUBLISHING & DISTRIBUTING GROUP

福建科学技术出版社
FUJIAN SCIENCE & TECHNOLOGY PUBLISHING HOUSE

图书在版编目（CIP）数据

自然清新 /《自然清新》编写组编 . —福州 : 福
建科学技术出版社 , 2013.5
（与 300 位室内设计师对话）
ISBN 978-7-5335-4273-3

Ⅰ . ①自… Ⅱ . ①自… Ⅲ . ①室内装饰设计
Ⅳ . ① TU238

中国版本图书馆 CIP 数据核字 (2013) 第 076802 号

书　　名	自然清新
	与 300 位室内设计师对话
编　　者	《自然清新》编写组
出版发行	海峡出版发行集团
	福建科学技术出版社
社　　址	福州市东水路 76 号（邮编 350001）
网　　址	www.fjstp.com
经　　销	福建新华发行（集团）有限责任公司
印　　刷	福建彩色印刷有限公司
开　　本	889 毫米 ×1194 毫米　1/16
印　　张	10
图　　文	160 码
版　　次	2013 年 5 月第 1 版
印　　次	2013 年 5 月第 1 次印刷
书　　号	ISBN 978-7-5335-4273-3
定　　价	49.80 元

书中如有印装质量问题，可直接向本社调换

目录 CONTENTS

快乐蜗居

舒适两房

阔绰三房

快乐蜗居

与 300 位室内设计师对话·自然清新

与 300 位室内设计师对话·自然清新

与 300 位室内设计师对话·自然清新

与 300 位室内设计师对话·自然清新

与 300 位室内设计师对话·自然清新

与 300 位室内设计师对话·自然清新

与 300 位室内设计师对话·自然清新

快乐蜗居 | 层次白与现代感

设 计 师：陈鹤元　Jerry Chen
项目地点：新竹市
建筑面积：33平方米
主要材质：玻化砖、烤漆铁件、壁纸、白橡木金刚板

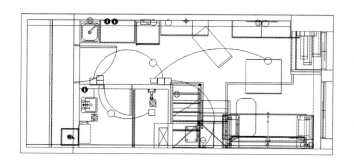

设计师以浅白的空间为主题，打造不同层次的白，为屋主打造出自在的生活方式与态度，让繁忙的生活得到一些释放。由于空间大小的限制，从入口处进门便是厨房区域，一直延伸到客厅。用家具颜色的不同区分空间功能，同时客厅也以白色饰面，使空间看起来干净且自然，轻松自在，现代感的层次白在空间中得到了很好的诠释。

01 长条的木架拼贴，刷上中性灰色调，成为电视机的挂置中心点。陈设柜多功能的设计，延伸出的层架可 90 度地旋转与折叠。

02 浅蓝色的背景墙，艺术卡通壁纸的装点，使墙面更加活泼有趣。小块的帷幕，在休息时可以拉上，平常为敞开的空间，光线得以流通。

03 楼梯的下方打造出了许多收纳柜，使居室具有更多的储藏空间。同时楼梯踏板的延伸，预留出小空间，也可作为小物件的摆放，多功能的设计在空间中得到了完美的展示。

快乐蜗居 | 潮州街

设 计 师：詹秉萦
项目地点：台北市
建筑面积：66 平方米
主要材质：壁纸、美耐板、大理石、玻璃、白橡木饰面板、银镜、不锈钢

为满足屋主希望材质具有自然感又不失质感的要求，设计师利用木材的质朴感，并通过其特性，再搭配镜面的装饰，使空间在简约中凸显出趣味与创意，营造出协调而契合的空间效果。现代感十足的空间，迎合当下的潮流，打造前卫与自然、奢华与简约的居室，更将收纳柜的设计进行到底。

01 玄关中令人惊喜的是鞋柜与收纳柜的设计，以抽拉式隐藏镜面设计鞋柜，鞋柜内设计可活动的层板，所有鞋子一览无遗，且可自由调整摆放，创造出精致且充裕的鞋柜空间。

03 进入客厅前的玄关造型墙，除了是考虑风水上门不可对窗外，每个格子都可以作收纳使用，镂空的部分还可以摆放小饰品，展现自我装饰风格。

02 主卧背景墙的设计，以华丽质感的皮革软包和九宫格组成，两侧则运用贴镜面的对称手法，增加空间的设计感。

04 以大理石和白橡木作搭配打造电视背景墙，以同为自然材质特性的两者搭配不感到冲突，完全吻合空间的简约风格。

快乐蜗居 | 慢活

设 计 师：吴奉文　戴绮芬
项目地点：台北市
建筑面积：69 平方米
主要材质：仿古砖、烤漆板、线帘、黑胡桃木饰面板、杉木板

设计师在材质选用方面，不单是整体视觉以自然感呈现，并严选环保素材来制作。墙面的配色也用了大量的大地色，呈现出朴素优雅且低调的质感。灯光方面，利用间接照明的方式，精心选配的灯饰，也是营造氛围的好帮手，并将大量的植物和室内外空间相辅相成，构成如同大自然般的美丽图画。

01 微风吹动着白色布幔的浪漫，手工改造的蜡烛吊灯闪烁着细腻的光彩，招待客人用的原木大餐桌和原木椅，展现厚实的舒适。

03 床下的垫高地板，增加了储物空间的同时，让空间富有层次感。

02 用磨石子制作一体成型的浴池，以松木做的天花板给人质朴的感受。

04 不同于一般玄关的完整遮蔽，一排素雅的白色线帘作为和客厅的区隔，白色灯光下，熠熠生辉。

快乐蜗居 | 贴近居者内心的设计

设 计 师：黄东琪　吴其周
项目地点：清远市
建筑面积：70 平方米
主要材质：橡木复合木地板、灰镜、钢化玻璃、玻化砖、大理石、马赛克

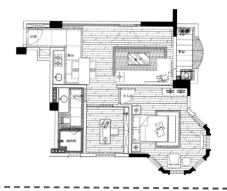

设计师将开放式的厨房与餐区有机结合形成一体，为扩大空间感，局部运用了镜面或玻璃等光洁材质。简洁低调的装饰烘托了家的温馨与舒适，展示出一种真实的生活态度。

01 客厅的木地板与吊顶上下呼应，界定出空间不同区域。暗藏灯带既富有装饰效果，渲染了空间整体氛围，又无形中拉伸了空间层次感。

02 灰绿色有色漆强调出沙发背景墙，窗帘选择了同样的色调，衬托着简约的布艺沙发，整体色彩异常柔和。

03 浅紫色墙面渲染出一室的浪漫气息，墙面点缀的黑白画成为视觉中心，整体对比明快。

04 敞开式厨房墙面饰以黑色烤漆玻璃，与浅色木纹板形成鲜明的对比，整体干净利落，现代感强。

快乐蜗居 | 现代美式精致

设 计 师：黄庭芝
项目地点：台北市
建筑面积：79 平方米
主要材质：灰镜、茶镜、白色烤漆板、雪白银狐大理石、玻化砖、
　　　　　白橡木金刚板、壁纸

本 案通透的空间处理让厨房、餐厅和客厅成为家人之间互动的舞台，以白色的基调营造出美式氛围，搭配着灰镜、银箔色系及浅色系石材，处处凸显空间宽敞与通透。每一处角落，都注重简约的几何线条应用、现代与古典的交错、刚与柔的呼应，呈现简约的优美，展现现代居家精致品位。

01

01 电视背景墙采用白色的雪白银狐大理石，搭配着低调的灰镜，构成和谐与优雅氛围。巧妙设置的暗藏灯光，使墙面具有层次感。

02 简约的几何线条构造了卧室空间，灰镜的背景墙使狭长的空间更加开阔。

03 开放式的吧台连接着厨房、餐厅和客厅，成为家人之间互动的舞台，通透的规划让整体格局开阔与完整。

静雅的白兰

快乐
蜗居

设 计 师：周炀
项目地点：武汉市
建筑面积：80 平方米
主要材质：仿古砖、墙绘、马赛克、人造皮革、白橡木金刚板

本案设计师采用白兰为设计主题，现代、简洁的手法融合中式古典元素，打造一个安逸的居家环境。整个空间选用白色为基调，纯白的沙发与素白的圈椅放置于空间，简洁大方。设计师将中式古典元素完美运用，巧妙地做一些改变，来营造出空间的素雅之感。素色的基调下，一朵鲜艳俏丽的兰花，几株梅花的点缀，为空间增添了色彩，丰富了视觉效果。

01 客厅背景墙选用浅灰色，左上角一束白兰正怒放着，引来一对鸟儿的嬉戏。鸟笼的放置，营造出主人惬意的生活情趣。

02 白色的翘头案，作为电视柜的造型，将传统家具融合于现代空间，采用简约的手法来进行改变，装点出空间浓浓的古典气息。

03 餐厅的格调与客厅空间协调统一，白墙上的几只蝴蝶停在枝上休憩，餐桌上一盆花争奇斗艳地开放着，让人在纯白的空间中赏心悦目。

04 纯白的沙发上方一幅白兰栩栩如生，闭上眼睛仿佛能够闻到那股清雅的芳香，选娇艳的蝴蝶兰与古老的佛首为陈设品，在银白水晶灯的烘托下，更显出空间脱俗的高雅气质。

04

快乐蜗居 | 美式乡村风格的现代演绎

设 计 师：金桥
项目地点：武汉市
建筑面积：80 平方米
主要材质：壁纸、泰柚木金刚板、马赛克、仿古砖、杉木板、实木花格、银镜

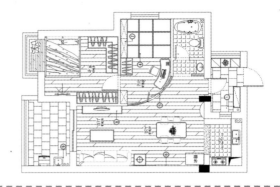

美式乡村风格的家具都带有浓烈的大自然韵味，粗犷的材质展现出一种古朴的质感。清新淡雅的布艺点缀在美式的家具当中，营造出闲散与自在，温情与柔软的氛围。

01 门框设计以曲线代替直线，划分出厨房的区域，搭配马赛克瓷砖拼贴，深木色调的橱柜，为空间增添些许古朴、典雅的气息。

02 巧妙地运用银镜贴饰，用简易的线条切割出菱形方块，试图拉大空间的进深感，使其成为空间的视觉焦点。镜面的反射效果，让室内采光更充足。

03 白色手工砖墙让空间除了精致同时也并存些许原始感。弧形墙的设计，搭配精致镂空的隔断，分隔出空间区域，给人深刻印象。

04 古典繁杂的花纹壁纸铺贴，没有饰满墙面，而是将其留白，增加空间的自由度。蓝白相间的沙发组合，给空间沉稳的色调带来少许跳跃，整体设计和谐统一。

04

快乐蜗居 | 专注于细节的设计

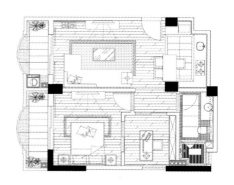

设　计　师：黄东琪
项目地点：清远市
建筑面积：62 平方米
主要材质：橡木复合木地板、灰镜、钢化玻璃、仿古砖、米黄大理石、马赛克

本案设计师运用了浅色木纹板、灰镜、马赛克、有色漆等常见的材质，通过对色彩的整体把握，特别是对细节设计的关注，凸显出一个精致、时尚的感性空间。平面设计上注重扩大空间感，一方面利用镜面的反射效果，另一方面利用空间的互相渗透、连贯。整体色彩以浅木色搭配白色、浅灰为主，局部点缀黑色，对比明快。室内无论是桌面的一盏台灯抑或是墙面的一幅装饰画，这些富有情趣的装饰，削弱着原有空间的生硬感，将室内的温润情调与时尚感推向极致。

01 厨房墙面采用黑白马赛克饰面，与浅色橱柜形成对比，同时流露出淡淡的时尚感。

02 电视背景墙的灰镜上饰以灰色竖条板，形成纵向肌理，于浅色空间中一跃而出，成为视觉中心。灰色地毯及沙发色彩上给予呼应。

03 书房与卧室相通，使得休息与工作两不误，空间的互相渗透使得这个小空间不再局促。

快乐蜗居 | 温馨、舒适的 生活空间

设 计 师：刘锐
项目地点：南昌市
建筑面积：56 平方米
主要材质：玻化砖、壁纸、黑色烤漆玻璃、不锈钢、仿古砖

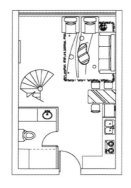
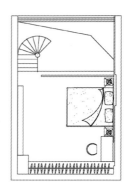

此户型为二层的小复式，设计师在有限的空间里合理地安排了各个功能区，紧凑而不拥挤。半开放式的卧室位于二楼，线帘的运用保证了私密性，同时也考虑到自然采光和通风需求。室内整体色调较为浓重，地面采用了浅色玻化砖加以协调。局部烤漆玻璃的运用无形中扩大了空间感。整个空间硬质装修较少，着重以家具及陈设烘托整体气氛，表现出现代、简洁的特征，打造出一个温馨、舒适的生活空间。

01 二层卧室利用吊顶的不同标高分为工作与休息区，黑色烤漆玻璃装饰的衣柜移门与周围形成虚实对比，扩大了空间感。

02 入口处卫生间墙面以深色烤漆玻璃装饰，虚化了其空间体量，同时还扩大了空间感。

03 一进门就可以看见红白相间的开放式厨房，轻巧的白色吧台既充当了餐区功能，又是客厅的隔断。

快乐蜗居 | "安娜·苏"风情

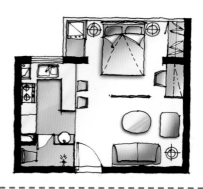

设 计 师：陈巍　韩枫
项目地点：洛阳市
建筑面积：40.3 平方米
主要材质：钢化玻璃、壁纸、马赛克、白橡木金刚板、雕花隔断

该案例以柔和的曲线及现代简洁花纹为主要元素，配合玻璃、马赛克等现代材质，赋予明快的色调，展现一个适合现代青年情侣、单身女性居住的浪漫环境。整体空间造型到细节上的陈设，都凸显出设计师的精心布置，展现出空间的灵动与流畅性。

01

01 两扇白色雕花隔断巧妙地分隔出客厅与卧室的空间区域，鲜艳的壁纸饰面，艺术品的精心摆设，将女性柔美的主题凸显出来。

02 用亮黄色来作为橱柜的主色调，再配以白色吧台，创造出层次与变化，丰富空间的视觉效果。

03 卧室采用简洁明亮的色调，给人舒适温馨的感觉。床头的两扇雕花隔断装饰，搭配艺术挂画，传递着空间温柔的优雅气息。

快乐蜗居 | 酷色温情

设 计 师：萧爱彬
项目地点：上海市
建筑面积：70 平方米
主要材质：仿古砖、文化砖、黑胡桃木、爵士白大理石

设计师巧妙地应用了木格栅这一元素，融会贯通于居室空间中，使空间得到相互呼应。复古的深色地砖满铺整个空间，一直延续到墙面，混搭着现代古朴的味道，再采用白色人造大理石与之搭配，更显空间的主次分明。居室中玻璃的运用与自然光和室内光的配合，使得整个空间既明亮又大气。

01 简易木删栏设计，既分割了空间的功能区域，还使得进门处的卫生间变得自然、得体。青色古朴的文化砖从墙面延伸至地面，散发出浓浓的淡雅气息。

03 书房里贴近自然的原木色地板，呈现出温润厚实的质感，与家具的深木色调产生了对比，使空间设计更加协调统一。

02 餐桌选用了和沙发一样材质的黑胡桃木，左边墙上是采用既环保又时尚的水泥凿毛工艺，搭配红色的装饰画，白色简洁的吊灯，使餐厅区域顿时就活泼起来。

04 柔软的白色与硬朗的黑桃木色架子组合而成的沙发，与电视背景墙的黑白搭配，以及整体空间的黑色地面、白墙形成统一的风格。

快乐蜗居 | 绿活寓

设 计 师：吴奉文　戴绮芬
项目地点：台北市
建筑面积：52 平方米
主要材质：天然梧桐实木贴皮、环保木芯板、 碳烧南方松、实木杉木板、
　　　　　硅酸钙板、天然磨石子、仿古砖、实木地板、钢化玻璃

自然雅致风，将一切回归到简单与宁静，让空间的架构在一种极为和谐的层次感中优雅地展演着。设计师将狭小的视线区隔全部移除，达到视野的穿透性和动线的巧妙安排，看似相连无碍却各隐藏了生活中的种种实用机能，如此也为空间衍生出视觉的流畅性。整体空间上，硬件皆以北欧简约舒适的姿态出现，加以日系氛围浓厚的软装，演绎出纯净与宁静的雅致气息，完成为日本屋主量身打造的绿色乐活寓所。

01 夜晚将床幔拉起，彷佛一个独立的大型灯饰，泛着柔顺的光采，使空间有着宁静且优雅的氛围。

02 视觉穿透、动线区隔是作为空间规划的主轴。采取浅色调安排墙面，再配以黑灰色沉稳地面的厚实感，展现出独特优雅的质感，让空间更具有休闲气氛。

03 餐厅有日式居酒屋的氛围，开放式的吧台，适合三两好友聚会。

04 浴室以天然杉木天花板、炭烧南方松、天然磨石子等材质组成，设计师用天然磨石子制成的泡澡浴池，使空间流露出自然气息。

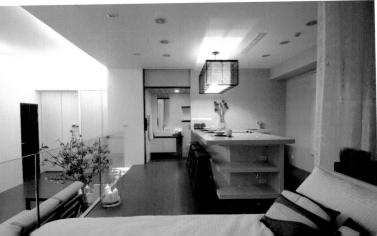

快乐蜗居 | 硬朗的温暖

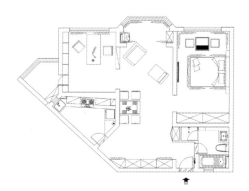

设 计 师：萧爱彬
项目地点：上海市
建筑面积：73 平方米
主要材质：仿古砖、柚木金刚板、有色面漆、银镜

整个居室的主色调选择了纯红与纯黑，鲜明但不哗众取宠，主次分明，收放有度。由于浓重的色彩被运用在吊顶上，因此地面采用了极浅的亚光地板，来达到平衡空间的色调效果。巧妙地运用了饰品，装饰收纳储物空间，而且还代替了房门，让家变得通透与舒坦，凸显出设计师的别具匠心。

01 采用了深灰色的大块墙砖，黑色台面的直线延伸，与纯红色调一同点缀柜面，给视觉带来强烈有力的冲击，同时与白色的台盆搭配在一起，创造出独特的空间风格。

03 在纵向的墙面上，中式冰裂花格镶嵌在透光板上，既作为空间的照明，又为整个书房增添了富有民族感的古典气息。

02 天花板设计创意十足，红黑的两块板，相互叠加，不仅没有给空间带来压迫感，反而成为视觉焦点。

04 地板的 4/5 的空间被抬高，将大大的床整个嵌在里面，四周包裹以透明的纱幔，灵动而柔软，在纱幔选色上采用了纯白与银灰的冷色调，柔而不媚。

快乐蜗居 | 白的延伸流动

设 计 师：萧爱彬
项目地点：上海市
建筑面积：65 平方米
主要材质：白橡木饰面板、仿古砖、柚木金刚板、磨砂玻璃

01

本案采用简洁的设计风格，以白为主调，简洁线条的切割与划分，带来增大空间的视觉效果，不同材质的装点，呈现出空间丰富的表情变化。设计师精心挑选的陈设品，在空间中更显精致细腻，同样在灯具的选择上，也以简单实用为主，符合空间整体的设计风格，营造出惬意的居家氛围。

01 客厅的电视背景墙主要以白橡木饰面，以块状的切割，引领大气开阔的优雅气质，再加入了小面积的黑色元素，使其空间更加沉稳。

02 门的设计，采用同样的造型，加以不同材质搭配，来进行区分空间。同样是黑色线框装扮，厨房嵌入的是透明玻璃材质，拉大空间，而卫浴采用的是磨砂玻璃，添加私密性。

03 简洁素雅的餐厅区域，以半弧形的吊顶来划分，简约的灯饰呼应空间的设计风格。

快乐蜗居 | 红色调的美丽意外

设 计 师：徐广龙　吕锴　朱真
项目地点：重庆市
建筑面积：62平方米
主要材质：银镜、印花茶镜、马赛克、玻化砖

本案通过大面积的银镜及反光效果强烈的金属材料的使用，将整个空间的现代感表达到了极至。整个空间以红色为主基调，再搭配浅色调饰面，呈现出多层次的变化。设计师试图营造出大空间的效果，将餐厅与客厅打通，让空间更显得开阔舒适，达到凝聚视觉的效果。

01 客厅电视背景墙的印花茶镜，配以白色地砖和家具，使整个空间的大红色调有所归属，个性稳重。

02 地面延伸至墙面都采用红色马赛克铺贴，天花板的镜面处理，在视觉上产生了反射的效果，拉伸了空间的高度。

03 大面积的银镜铺设，运用几何切割造型装饰于墙面，更呼应了空间的红色调，打造出抢眼突出的视觉效果，放大了空间感。

快乐蜗居 | 东方明珠

设 计 师：张飞
项目地点：武汉市
建筑面积：74 平方米
主要材质：马赛克、红橡木金刚板、茶镜、浅啡网纹大理石、
草编壁纸

设计师在整体色调上以深色调为主，展现出空间高雅的气质，并在家具的造型设计上运用了古典元素，将线条完美地融合，为空间营造出都市性强而又舒适的古典风格。用茶镜的处理方式，来表现出空间的宽阔性，营造舒适的氛围。沉稳色系的木纹与石材的装饰，在灯光投射下，更是呼应出空间高贵典雅的主题。

01 亚麻壁纸的灰作为墙面的底色调，大小不一的装饰画，错落有致地挂置墙面，丰富墙面的装饰效果，成为空间的视觉中心。

02 电视背景墙的黑色马赛克以白色填缝，再配以茶镜，试图将其对比产生虚实呼应。大面积的茶镜，具有映射、半通透的效果，拉大了空间的视觉感。

03 运用中国窗花的经典元素，雕刻木质镂空的隔断门，在茶镜的映射下，更显精致，营造出具有东方禅意的居室空间。

快乐蜗居 | 纯净色调之 白色的极简

设 计 师：萧爱彬
项目地点：上海市
建筑面积：68 平方米
主要材质：白橡木金刚板、仿古砖、烤漆板

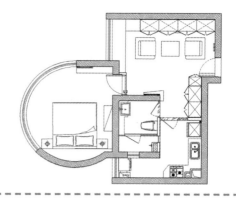

01 02

本案建筑面积较小，布局相对紧凑，为了提高空间的采光度，设计师运用了白色为基调，充分运用玻璃采光、光影变幻等设计手段来营造明亮宽敞的视觉效果。在功能和美感的关系上，简约空间讲求功能至上，形式服从功能。所以在房间的吊顶、主题墙等设计上都极简处理，摒弃多余的装饰，点到为止。同时将现代抽象艺术引入设计中，力求创造出独具新意的简化。在现代简约风格中多处运用纯净的色调进行搭配，让清清淡淡的居室有了温暖的感觉。

03

01 白色的门片，简约素雅，以几何排列组合方式呈现，同时兼具空间收纳柜的功能。深蓝色调为底，给空间添加一抹神秘感，更加凸显出白色收纳柜。

02 墙面的造型简洁，电视柜以白色烤漆饰面，与墙面相连接，节省了空间。

03 弧线的卧室空间，大面积的窗户设计，不仅带来了明亮充足的光线，同时将窗外的楼景直接映入眼帘。

快乐蜗居 | 设计语汇
构筑东南亚风情

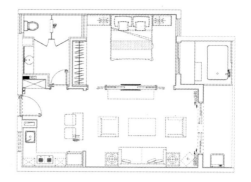

设 计 师：韩松
项目地点：东莞市
建筑面积：70 平方米
主要材质：壁纸、马赛克、仿古砖、黑檀木金刚板、黑胡桃木

本案是简约化的东南亚风格，沉稳的柚木、粗砺的砖石地面，让空间处处散发着闲散、宁静的草木香味。在功能布局上，客厅和卧室采用双通道入口，既增加了空间的流动感又丰富了视觉的层次。设计师通过不同的材料和色调搭配，令空间在保留了自身的特色之余，产生丰富多彩的变化，温馨淡雅的中性色彩为主，局部点缀艳丽的红色，自然温馨中不失热情华丽。融入中国特色的东南亚家具，在工艺上注重手工工艺，再加以简单质朴的配饰，使居室散发着淡淡的温馨与悠悠禅韵。

01 柔和暗红色调饰面，配以金色细腻的雕刻饰品，让空间散发出浓浓的异域气息，同时成为墙面的视觉焦点。在不同现代家具的混搭下，流露出具有神秘气息的东方美感。

02 餐厅与客厅区域相连通，让空间更加宽阔，视觉舒展放松。深色的家具，抛弃了复杂的装饰线条，为空间营造清凉舒适的感觉。一盏民族风的吊灯映衬，高雅的品位自然流露出来。

03 主卧室选用了深木色，结合光线的变化，营造出低调沉稳的感觉。手工的木质雕刻，祥瑞的图案，让空间禅味十足，再搭配两侧的银镜装饰，使空间静谧且开阔。

04 将小阳台改造成独特的阳光浴室，力求在如此小的方寸中演绎出令人无法预料的奇趣和丰富的空间体验。灰砖铺设，台面上别致的小物品，散发着浓烈的自然气息。

快乐蜗居 | 让生活 更加多元化的收纳

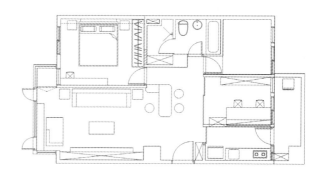

设 计 师：陈鹤元
项目地点：台北市
建筑面积：69 平方米
主要材质：水曲柳饰面板、钢化玻璃、水曲柳金刚板

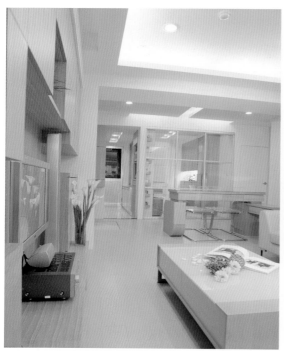

01

收纳是本案设计的重点，如客厅的电视收纳柜及书房的高柜，目的都在强化空间的灵活运用，呈现出收纳的多元化。同时大量利用木头纹理质感，加强了空间的人文味道，同样素色调的装点，为空间增添暖意。空间的彼此融合呼应，多元的应用，使透明的空间贯穿于整个公用空间，所以视觉上比原本的空间感受要大出许多。

01 利用客厅的电视背景墙，设计收纳展示柜，将电器与柜体适度置入。实体柜组里可收纳物品，让空间感更加利落。

02 白色为空间主调，连同床品也饰为白色，给人带来纯净之感。温润的木板上的长条几何造型丰富了墙面造型。

03 空间中的大窗户把光线引入，让屋内每一个角落都能感受自然光线的存在，活跃了室内气氛。浅色地砖，与同种色调的沙发、茶几相呼应，使空间更加明亮。

光合作用

快乐蜗居

设 计 师：赵丹
项目地点：北京市
建筑面积：85 平方米
主要材质：有色面漆、玻化砖、红樱桃木金刚板

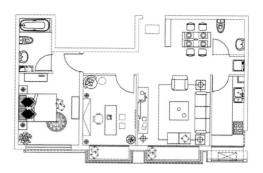

01

本案在空间的细节设计上，小到一个拉手、一个衣钩，设计师都精心挑选，使每件饰品都能赋予空间独特的味道。在光合作用下，创造出具有特色的风尚文化，以及时尚简约风格的空间。

01 两种不同色调拼接的电视柜，尤为醒目，亮黄色与黑色似乎毫不相关，但却又联系于一体，试图对比凸显其设计。

02 柔和的灯光下，卧室的设计给人温暖、舒适的氛围。鲜艳艺术画的摆放，在空间中尤为跳跃，红格相间的地毯，融合于空间中。

03 设计师选用米白色的沙发，搭配颜色各异的抱枕以及时尚的陈设品，在灯光的陪衬下，渲染出空间的独特风尚。

04 深木色的书架与书桌的放置，营造出安静、低调的阅读环境。红色轻纱帷幔，丝丝灵动，带来一些活跃的气息。

简约风打造小空间

**快乐
蜗居**

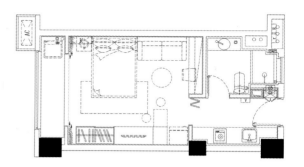

设 计 师：韩松
项目地点：深圳市
建筑面积：40 平方米
主要材质：马赛克、壁纸、仿古砖、白橡木金刚板

01

02

整体的基调以白色为主，适当的搭配地板与家具的原木色，为空间增加暖意。展示柜与收纳亦是空间的主角，在墙面上有着灵动的跳跃感，还引导出了空间的简洁线条，让整个居室显得清新简单。恰到好处地运用光线，不仅使空间有着充足的光亮，还带来了修饰空间的效果，让空间低调而富有变化，演绎小空间的精彩。

01 床铺背景墙上白色的搁架刻意表现出不同的高低层次，用来摆放不同的物件，让空间感更加丰富。

02 多功能的设计，让书桌与电视柜巧妙地结合，实现一体化，并节省空间。

03 简单的木线框勾勒出空间的另一个功能区域，温润的木板作为空间的隔断，同时利用深浅两色的对比，延续了现代空间简约的风格。

快乐蜗居 | 功能齐全的 小户型空间

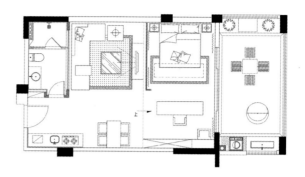

设 计 师：黄东琪　周曾
项目地点：清远市
建筑面积：65 平方米
主要材质：橡木复合木地板、灰镜、钢化玻璃、玻化砖、马赛克

01 02

长方形的空间层层递进，层次清晰。私密的卧室与书房有机相连，以地台的方式和客厅、餐厅加以区分。入户的地面采用浅色玻化砖，暗示不同空间。室内隔墙多采用玻璃材质，最大限度地保证空间的连贯性与开阔感，局部镜面也有延伸视觉的效果。浅木纹板为主体色，搭配造型简练的灰、白两色家具，空间温馨、雅致又不乏现代感，异常和谐。

01 清透的玻璃与白色纱帘形成客厅与卫生间隔墙，通透的质感与木纹板形成虚实对比，同时无形中也延伸了空间感。

02 红色珠帘与玻璃隔断分隔出卧室空间，半通透的设计方式既增加了空间层次感，又保证了室内的自然采光。

03 餐厅墙面采用灰镜饰面，与周围形成虚实对比，从而界定出空间区域感，同时无形中扩大了空间感。

04 设计师巧妙地利用较窄的空间完成了衣柜的设计，白色珠帘形成柜门，婉约柔美，同时与卧室隔断相呼应。

快乐蜗居 | 色调的流畅之美

设 计 师：黄东琪　吴其周
项目地点：清远市
建筑面积：65 平方米
主要材质：橡木复合木地板、灰镜、钢化玻璃、壁纸、玻化砖、黑镜、
　　　　　马赛克

该空间中，暖色调的渲染，让空间呈现出流畅感。墙体色泽柔和、温馨，没有运用繁琐的装饰，只有简单的雕刻融入了中国古代元素，将现代与传统元素完美结合，玻璃墙体的晶莹珠帘，更为空间制造出浪漫的生活氛围。

01 开放式的设计手法，弱化了空间给人狭小的感觉。黑白经典搭配的橱柜，与餐厅的黑镜背景墙相呼应，为空间增添些许时尚感。

02 卧室的棕色硬包的背景墙上，一幅富有设计感的装饰画，提亮了空间的色调，为空间营造出一种神秘感。

03 在墙面雕刻了线条流畅、优美的卷草纹，让空间融入了东方色彩的元素，起到点缀的作用。

04 暖色调的空间，柔和的灯光陪衬，搭配深色调的家具来营造空间，统一协调。色彩艳丽的艺术挂画装扮，使空间呈现出色调的流畅之美。

白色调铺陈温馨的居家空间

快乐蜗居

设 计 师：张有东
项目地点：南京市
建筑面积：38 平方米
主要材质：壁纸、布艺软包、雕花银镜、白橡木金刚板

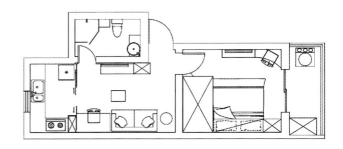

设计师为了满足屋主要求，将收纳柜巧妙地结合于空间中，还起到了装饰的效果。白色调迎合整体空间的设计，渲染出温馨、淡雅的居家氛围。同时通过间接灯所打亮的光线，为空间增添了丰富的层次。简洁的家具，减少了不必要的繁琐，兼具多功能，为业主提供了方便。

01 浅色的碎花壁纸饰面，刷白的木层架用于放置陈设品，同时在空间提供了一个上网角，便于主人学习。

02 由于空间的限制，采用半开放式的表现方法，将客厅腾出一小地方，作为书房，来提供主人阅读。木地板的拼贴，为空间增添温润的质感，营造出温馨的居家空间。

演绎精致生活

快乐蜗居

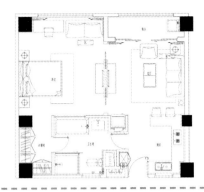

设 计 师：韩松
项目地点：深圳市
建筑面积：80平方米
主要材质：马赛克、墙纸、瓷砖、木地板

01 浅纹壁纸的墙面上两幅黑白镶嵌的装饰画，画中的一黑一白产生强烈对比，成为空间的视觉焦点。吧台取代了餐桌，同时还兼具客厅与厨房空间的过渡功能。

02 大面积的落地窗作为室内外的区隔。如此一来阳光不但可轻易地进入家中，也顺势将户外景色纳为客厅的一部分。微风拂动，轻纱垂帘，营造出轻松惬意的氛围。

03 小面积的玻璃代替了浴室与卧室之间的隔断墙，让空间显得更加通透，强调了景深效果。巧妙地结合百叶窗，打造了私密的空间，朦胧中透露些许的浪漫情调。

本空间在视觉上呈现出开阔的感受，将空间打通，除去多余的隔断，大面积的窗户，带给空间充足的光线，使得空间更显开阔。设计师并没用使用太多的装修手法，只用简单的艺术品加以装饰点缀，通过不同家具的摆设呈现出材质本身的质地，来创造出空间的层次与变化。即便是小空间，高贵典雅，同样可以演绎出精致的生活情调。

快乐
蜗居 | 甜美田园

设 计 师：蒋国兴
项目地点：昆山市
建筑面积：80 平方米
主要材质：仿古砖、爵士白大理石、沙比利金刚板、杉木板

01

01 黄色壁纸搭配餐桌的红色花草图案，色彩统一富有内涵，加上家具上的鲜花装饰，演绎出浪漫的空间氛围。

02 米黄色砖的贴饰赋予空间舒适清爽的整体感觉，墙面壁龛提供更多收纳空间。

设计师运用植物花草作为最重要的装饰语言，背景墙以大面积的浅色花纹壁纸贴饰，色彩协调的图案带来唯美的空间气氛。现代设计崇尚轻装修重装饰，本案很好地诠释了这一点，随处可见的植物花草、藤编、饰品让视觉的盛宴到达高潮，也带来了浓郁的自然感受。

02

舒适两房

与 300 位室内设计师对话 · 自然清新

与 300 位室内设计师对话 · 自然清新

与 300 位室内设计师对话 · 自然清新

与 300 位室内设计师对话 · 自然清新

与 300 位室内设计师对话 · 自然清新

与 300 位室内设计师对话 · 自然清新

与 300 位室内设计师对话 · 自然清新

舒适两房 | 一花一木

设 计 师：导火牛
项目地点：深圳市
建筑面积：110 平方米
主要材质：杉木板、木纹仿古砖、白橡木饰面板、有色面漆

于喧嚣都市中，赋闲以宅，一花一木的二人世界，云升日落，皓月当空，春去秋来，花木两相悦，诗意盎然，一种与风雅有关的生活方式照进现实。

01 杉木板拼贴的电视背景墙奠定本案的清新风格，与沙发背景墙上的横木相呼应，地面也采用仿木纹的条形仿古砖，整个空间清新脱俗。

02 阳台被打通后，与客厅连在一起，加大了客厅的空间感。而一处小景致，更是优雅地点缀了空间。

03 榻榻米组成的小书房，实用性强。在飘窗还加了一个小书桌，底下留空，方便脚伸进去。

舒适两房 | 萌芽

设 计 师：潘旭强　刘均如
项目地点：深圳市
建筑面积：105 平方米
主要材质：壁纸、皮革、玻化砖、灰镜

本案将绿色作为主要装饰元素融入进去，让空间仿佛成为了一片生机勃勃之地。在这里，可以联想到一幅生动的自然画面：嫩绿的草地上，微风轻抚着大地，一旁的小树上，嫩绿的叶子伴随着鸟儿的鸣叫而摇曳着身姿，蓝天上，白云游过，阳光倾泻下来。设计师深谙自然之道，试图在空间中还原出一派春暖花开的自然景象，让每个视觉点都显得更为简洁自然。每个空间都可以承载一份梦想，新的梦想在这里萌芽，新的生活在这萌芽。

01 书房仅放置一张简洁的书桌，墙壁贴饰多彩的条纹壁纸，呼应空间的风格。

02 空间的墙面全部贴饰了淡绿色的壁纸，其他的饰品也与之相呼应，凸显空间清新淡雅的主题。而电视背景墙以白色的皮革装饰，与空间融合在一起。

03 主卧的淡绿色背景墙呼应空间的主题，银镜贴饰墙面弱化其厚重感。

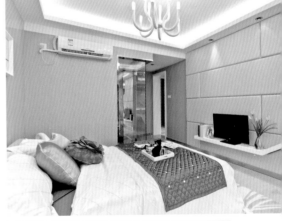

舒适两房 | **悠然之境**

设 计 师：陈志斌　李智勇
项目地点：长沙市
建筑面积：90 平方米
主要材质：哑光不锈钢、灰镜、雅士白大理石、亚麻壁纸、仿古砖

01

该空间设计融入了中国文化的人文气息与自然的味道，呈现出和谐与理性的居家环境。由于空间较小，将阳台设计成书房兼客房，符合了宜居功能的需要。利用灯光与造型，再搭配隐藏式的灯光，让视线自动区隔出不同空间，将空间感界定出来，更为空间增加了层次感。

01 餐厅与客厅的连接，巧妙地利用抽象精致的镂空方格屏风进行有序地分隔，既成为了餐厅的隔断，也成了客厅的背景墙。

02 卧室的设计简洁大方，渲染出恬静、优雅的氛围。大面积的灰镜，通过映射的作用，在视觉上拉伸了空间的宽度。

03 陈设柜的设计，既可放置艺术品，同时兼具划分书房与卧室空间区域的功能。磨砂玻璃的推拉门，使空间更为私密。

04 通往主卧与书房的通道，大面积的墙是通道的导向，用色块写意出生长的树干形状，丰富且自由，为空间起到了很好的装饰作用。

舒适两房 | 韩式田园

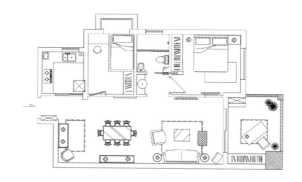

设 计 师：林艺　李进
项目地点：武汉市
建筑面积：90平方米
主要材质：壁纸、白橡木复合地板、仿古砖、雕花板、灰镜

01

暖色的杏色墙面搭配纯净的象牙白家具，附以幽雅的实木雕花，宁静中透着天然的高贵与典雅。同时把一些精细的后期配饰融入设计风格之中，大量使用碎花图案的各种布艺和挂饰，演绎着浪漫、纯真、宁静和自然的生活氛围。

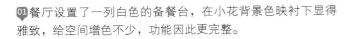

01 餐厅设置了一列白色的备餐台，在小花背景色映衬下显得雅致，给空间增色不少，功能因此更完整。

02 墙壁的相片和装饰的小点缀使空间增色不少，不规则的尺寸和摆放充分体现设计师营造安逸、舒适的生活氛围。

03 电视背景墙上白色的实木雕花，宁静美丽中透着天然的高贵与典雅。

舒适两房 | 白色简欧风

设 计 师：杨俊辉
项目地点：上海市
建筑面积：90 平方米
主要材质：米黄大理石、白橡木复合地板、壁纸、皮革软包

白 色简欧奢华的新古典理念，是本案设计的精华。家具配饰、高级纯羊毛地毯与水晶灯，都体现了浪漫高贵的精神生活。通过空间的划分，使每个空间的设计都呼应了整体风格。家具陈设更是刻意以深色调为主，通过墙面的浅色，在间接灯光的映衬下，透出空间温润的氛围，为空间填满温馨的气息，将白色简欧风格淋漓尽致地展现出来。

01 黑色卷草纹的床品，与空间的黑白色调相呼应，时尚而又高雅。

02 客厅与餐厅打通，没有复杂的隔断装饰，使空间更加通透。同样色调的家具组合，营造出沉稳而现代的居家氛围。

03 黑白经典搭配设计柜面，犹如在一张白纸上墨汁的滴入，不由地向四处扩张，得到不同的图案，似乎为空间营造了一个艺术品，更加展现出了设计师的无限创意。

舒适两房 | 炫尚主义

设 计 师：老鬼
项目地点：洛阳市
建筑面积：98 平方米
主要材质：米黄大理石、金属珠帘、黑色烤漆玻璃、壁纸

设计师采用现代主义的多线条、硬朗、简约的特点，简约中加入更多的时尚元素、绚丽的色彩造型，诠释在空间中的新表达。材料的独特运用，让空间的整体风格，都体现出了一种炫尚主义。设计师在家具的创新上也下足了功夫，一个动感十足的茶几，亚克力材质的扭曲，简洁且又现代，更能吸引人的眼球。

02 03

04

01 墙面的设计打破了常规，大理石饰面搭配不规则的黑镜，一排蓝色高脚杯整齐地排放，赋予空间时尚感。

02 在黑色烤漆玻璃下，白色珠帘的垂吊，增添了空间的灵动感，成为墙面引人注目的装饰。银框镶嵌的艺术挂画，更丰富了简单的墙面。

03 亚克力弯曲制成的椅子，具有透明材质的质感，放置于餐厅内，风格独特。大幅的油画从吊顶上垂置，具有强烈的现代主义感。

04 铅笔造型的衣架，色调艳丽，是儿童房设计的一大亮点。墙上的儿童画惟妙惟肖，为空间增添无限的童真与稚气。

舒适两房 | 流露出传统韵味的家

设 计 师：胡建国
项目地点：福州市
建筑面积：119平方米
主要材质：玻化砖、红樱桃木实木地板、壁纸、马赛克、钢化玻璃

在原有建筑规划的基础上，将客厅分隔出一部分空间作为主卧更衣室，并由此界定出玄关区域。空间整体以浅色调为主，搭配深色家具，对比明快。局部重点装饰利用了传统装饰符号进行解构、重组，烘托空间意境。如：玄关的砖墙肌理、抽象的木槅扇等等，成为空间点睛之笔。

01

01 墙面暗红色装饰板延伸至吊顶，加强了餐厅的区域感，方形饰块犹如古时的门钉，空间弥散着淡淡的中式韵味。

02 灰色壁纸以横向金属条分隔装饰，从这个浅色调的空间中脱颖而出，映衬着简约现代的深色条案，形成电视背景墙。

03 白色墙面的传统圆形实木花格，一扇简洁的实木隔扇再搭配不可或缺的绿色植物，设计师用现代的手法将中式传统意境诠释出来。

舒适两房 | 柔美碎花

设 计 师：何华武
项目地点：郑州市
建筑面积：98 平方米
主要材质：爵白大理石、仿古砖、水曲柳饰面板、壁纸

本案的设计简洁、干净，没有多余的东西，让人感觉舒适、安静。碎花壁纸、白色家居和弧形的门套，搭配得十分和谐，宽敞明亮的卧室、简洁的客厅让人感觉到欧式田园风的恬静。

01 电视背景墙没有过多的装饰造型，利用白色木线框出电视墙和过道的通道，配以白色的板装饰，色彩的契合奠定了空间恬静的基调。

02 满床的小花与墙面的花朵优雅呼应，花纹的图案装饰让卧室多了一丝妩媚浪漫。

03 简简单单的平顶，通过筒灯的规则排列和暗藏灯带的灯光强调，空间看起来柔和而淡雅。

舒适两房 | 黑色帝国

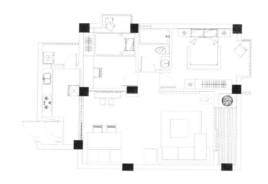

设 计 师：周炀
项目地点：上海市
建筑面积：86 平方米
主要材质：黑色烤漆玻璃、黑镜、仿古砖、马赛克、红橡木饰面板、珠帘

设计师采用现代风格的设计手法，在空间中大量运用黑色调的处理，又恰到好处地采取一些暖色的搭配，使空间不显得压抑沉闷。一盏黑色水晶灯，由大大小小的圆圈亮片串联而成，搭配水晶的挂坠，散发出亮丽的光芒。在其衬托下，"黑色帝国"显得更加沉着，稳重。

01 珠帘的垂吊,让空间线条显得更柔和舒适,暖色调的渲染,使光线得以连贯穿透。

02 "L"形窄条灰镜的设计,电视柜采用红橡木饰面板,试图与灰镜产生虚实对比,凸显其焦点,增添视觉变化。

03 以小包厢的形式成为餐厅的设计,搭配两张经典的潘顿椅,自由流畅的曲线,优美典雅的形态,营造出浓郁的艺术氛围。

04 采取开放式的表现手法,客厅与餐厅的融合,丰富了空间的功能性,维持空间的开阔感。

舒适两房 | 白色剪影

设 计 师：萧爱彬
项目地点：上海市
建筑面积：98 平方米
主要材质：黑镜、玻化砖、树枝镂空板、壁纸

本案设计的主题是在白色调为主的空间中，打造出温馨、舒适的居住环境。设计师合理规划空间区域，将其功能得到最大化的使用，各个空间似乎相互独立存在，却又彼此间联系。白色调在空间中游走，适当地搭配一些时尚的设计元素，不论是家具，还是墙面上，都增添了些许黑色调，与白色进行平衡。灯带的巧妙运用，让居室得到充足的光线，使其白色更加纯净。

01 空间以白色调为主，连同水平切割格状的书柜，并将书柜的几个块面进行遮挡，即便是简单的调整，也能呈现出不同视觉感的柜面。

02 简洁的白色柜体，窄条的黑镜嵌入柜面，为浅白的空间添加黑色元素，多了一抹的神秘感，再搭配树枝剪影刷白的隔断，规划出玄关的区域，同时成为了空间的遮挡物。

03 卧室采用了客厅的同种设计元素，透过树枝的剪影隔断，一片亮丽的颜色跳跃于眼前。红色饰满墙面，添加居室的活泼感，床品也采用同种色调，与之呼应。

舒适两房 | 让光在空间游走

设 计 师：陈鹤元　Jerry Chen
项目地点：台北市
建筑面积：96 平方米
主要材质：白橡木饰面板、玻化砖、铁件

本案没有做复杂的天花板，同时在小空间创造了不同的自我独特风格，兼顾收纳与展示的双功能，使空间有着足够的收纳，并且采用独具匠心的设计元素，搭配简约的家具，创造出独特的设计风格。设计师还突破了一般人对室内设计的既定印象，特别以电线管道裸露在天花板上，并装置不同的吊灯，作为空间与空间之间光线的连续，让空间显得自由开放。

01 打破传统的设计，不再把电线管道埋入墙面，直接裸露在外，让它变成一种装饰，同时加以灯光的组合，使空间更加开放和多元化。

02 大型的书柜与电视墙做完整的结合，以白橡木作为柜体材质，用色鲜明，多元化运用基础空间，为客厅创造出视觉焦点。

03 小书桌就藏在墙面的柜体里，多变的柜体收纳运用，让屋主可以更灵活地在这空间里自由活动。

04 墙面的层架，不再用木材作为展示架的材质，而是运用铁架作为展示架，另类且突出，将室内风格及屋主个性完美结合。

舒适两房 | 浪漫英伦

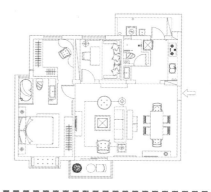

设 计 师：周炀
项目地点：武汉市
建筑面积：98 平方米
主要材质：马赛克、磨砂玻璃、仿古实木地板、雅士白大理石、
　　　　　仿古砖、硬包、壁纸

英伦红的装扮，彰显出空间的活力，并带来摩登的味道。深浅色调的相互影响，让整个空间，既经典又时尚、既优雅又野性十足。英伦风对其细节、材质的要求都很高。哪怕是作为点缀的马赛克，都分为好多种，将英伦风的设计完美地推向高潮。

01 客厅以英伦红为主色调，装扮墙面，营造出空间特色的视觉设计。黑框镶嵌的照片墙，贴满了主人的新婚照片，诉说着一生的浪漫誓言。

02 丰富色调的马赛克瓷砖贴面，再配以抢眼的金色玫瑰花镶嵌的镜子，展现出线条的复杂与精细，创造出英式特色的空间。

03 深褐色的硬包，不仅有装扮空间的效果，还具有吸音的作用。白色的电视柜，采用菱形的造型风格，十足的现代感，使空间设计更加别具特色。

04 即使是一个洗手台，设计师也将其表现得淋漓尽致。在红色的基调下，白线条的菱形花格砖，从墙面延伸至台面，用田园风格的藤编篮作为收纳柜。

舒适两房 | 金迷恋

设 计 师：周炀
项目地点：武汉市
建筑面积：100 平方米
主要材质：壁纸、钢化玻璃、红橡木饰面板、仿古砖、黑镜

01

02

本案设计师主要采用金黄色为主色调，利用典雅的拼花、造型亮丽的灯饰，以及陈设品，营造出一种稳重的低调奢华。设计师注重在家具、陈设品以及色调的搭配上，银色作为家具的主色调，银器在金色的陪衬下，高档且华贵，相互碰撞下似乎会发出悦耳的响声。水晶吊灯的映衬下，金色更显得闪闪发光，为空间营造出奢华感。

01 采用灰镜的反射效果，再搭配金黄色的纹样壁纸，来增添空间的虚实效应，创造出变化万千的趣味空间。

02 大小不一的黑白画，是主人在旅途中所拍下的风景照，作为曾经留下的美好画面的记忆。

03 两张餐椅采用透明材质，与银色的餐桌相协调，增添了空间时尚的创意感，使其成为空间的焦点。

舒适两房 | 中式温情

设 计 师：林新闻 郭继 张慧勇 周华美 郑陈顺 林辉
项目地点：福州市
建筑面积：90平方米
主要材质：仿古砖、手抓纹金刚板、手工实木地板、茶色玻璃、黑镜

设计师在满足空间正常功能的需求上，尽量采取敞开处理，使空间达到最大的通透性，呈现出空间的大气。由于空间通透的效果，让屋内的采光与透气度几乎达到百分百。再利用线条的简洁处理，搭配具有浓郁中式元素的家具以及暖性色彩，巧妙融合整个空间，增加亮点，让屋主找到一个可以让心灵休憩的港湾，它宁静而悠远，还有淡淡的清香，浓浓的温情。

01 黑胡桃木的雕花隔断，中式图案的精细雕刻，增添了空间的古典韵味。并对空间进行了区域的划分，分隔出客厅与洗手台。

02 台面用黑色烤漆瓷砖饰面，搭配黑胡桃木的架子，以古代碗的造型作为洗手池，使空间的中式韵味得到了提升。

03 背景墙以仿旧木材饰面，粗糙的表面营造出独特的触感，青石灰的地砖和线条感极强的家具营造了一种强烈的东方浪漫气息，使原本舒适的空间更蕴涵着无尽的优雅。

舒适两房 | 博悦之情怀

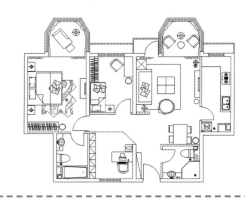

设 计 师：赵丹
项目地点：北京市
建筑面积：100 平方米
主要材质：壁纸、玻化砖、沙比利木金刚板

设计师运用同种色调的元素穿插设计于空间中，在不同的角度产生了不同的视觉效果。

01 创意的简洁书架设计，四个铁板书架的层层拼接，高低不一，错落有致地放置于书房内，让空间多了一份创意十足的收纳功能。

02 银框镶嵌的装饰画，在花纹壁纸的点缀下，显得跳跃。卧室空间的设计简洁大方，给人一种释放压力，静谧之感。

03 一排向日葵，作为卫生间的装饰，丰富了空间色彩。

04 米白色的家具，搭配花纹壁纸饰面，几幅艺术挂画装扮，在柔和的光线下，让主人在舒适的空间中，享受幸福的生活。

舒适两房 | 轻风尚

设 计 师：吴奉文　戴绮芬
项目地点：台北市
建筑面积：110 平方米
主要材质：壁纸、黑檀木地板、硅酸钙板、玻化砖

这是一个轻装修重装饰的案例，在原有的基础下，设计师大量采用可移动的家具，提高空间的生活机能性，解决了屋主的生活所需。在细节处，局部黑色面板的设计，延长了视线的深度，达到增加空间景深的效果。

01 为了让狭长走道多些色温，设计师把走道的筒灯设置成淡绿色，使得整个空间多了些畅快感。

02 全黑的电视柜连接着一侧独立的音响柜，展现着不平衡的美感，且可灵活使用音响柜，双面的门片设计让音响玩家整理十分方便。

03 采取黑白经典搭配，为呼应天地的白，用了大量黑色质感来平衡，试图凸显出空间的简约。

舒适两房 | 圆与空间的互动

设 计 师：陈方晓
项目地点：厦门市
建筑面积：93 平方米
主要材质：水曲柳饰面板、玻化砖、马赛克、茶镜、银镜

01

本 案中"圆"作为空间的设计标志，同时加以不同的装饰元素来演绎，跳跃于空间，呈现出不一样的视觉变化，产生了别具风格的效果。不论是天花板还是墙面上，都无形中掺入"圆"这一元素，达到彼此间的呼应与互动，并且将空间的过渡区都进行了倒角的处理，使空间在设计上更加整体。银镜与玻璃的运用，使空间进一步的放大，视线更具有动感，让空间更显得开阔。

01 大小不一的圆形，配以线帘的垂吊，在银镜为底的背景下，不仅给空间添加了生动活泼的趣味，而且使得空间更加宽阔。

03 圆形的床，与圆形的天花造型相呼应，在温暖的灯光下，营造了空间温馨浪漫的情调。

02 大面积的茶镜饰面，具有映射的作用，使天花板的造型更显活力。

04 欧式的金色画框作为银镜的边框，灰色的圆圈图案在镜面上的点缀，丰富了空间的视觉效果，同时也扩大空间的视野，显得更加开阔。

舒适两房 | 光影的视觉乐趣

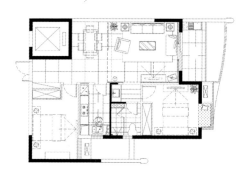

设 计 师：何华武
项目地点：郑州市
建筑面积：96平方米
主要材质：仿古砖、泰柚木金刚板、波纹板、银镜、白橡木饰面板

01

本案设计以白色为基调，搭配灰色、
黑色，让人感觉温馨舒适，整体简
洁温馨却不乏活力。天花板吊顶的设计，
大气，高贵。沙发背景墙上面的油画，
更衬托出艺术的气息。

01 整面的镜墙透过反射的景象，扩大了过道的空间感，黑镜的应用具有强烈的时尚装饰感觉。

02 灯光透过水晶和镂空灯罩在空间投下美丽的光影，丰富了空间的装饰效果。

03 设计师在天花上以银镜装饰，水晶灯照射出璀璨光线因镜面的镜像看起来更加明亮，创造出空间不同的专属美感。

04 客厅与餐厅间无阻隔的设计让空间显得更通透，不同类型的装饰画界定了各自的活动区域。

舒适两房 | 还原一片纯净简约

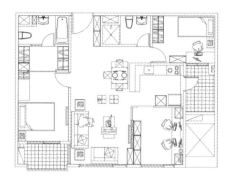

设 计 师：陈鹤元
项目地点：台北市
建筑面积：99 平方米
主要材质：水曲柳金刚板、钢化玻璃、仿古砖、水曲柳饰面板

本案的色调以黑、白、灰为主，辅以浅木色，墙面的素色调，搭配了浅色的木质家具，筒灯的映射，衬托出空间白的纯净。

01 沙发背景墙贴了风信子的墙贴，让空白的空间多了点生命力。

02 餐厅与厨房以一吧台相隔，区分彼此空间的同时又显得通透，吧台旁的方格柜收纳功能明显。

03 电视背景墙后是书房，墙面没有全部封堵，而是留了一块方形玻璃的位置，使得狭小的空间不显得拥堵。

舒适两房 | 享受午后的阳光

设 计 师：左江涛
项目地点：上海市
建筑面积：80 平方米
主要材质：仿古砖、玻璃马赛克、银镜、壁纸、水曲柳饰面板

设计师用了色调比较亮的淡黄色来渲染阳光的温度，白色家具、白色的顶面以及浅色的地面，增强了房间的通透感。厨房绿色墙砖和白色橱柜的搭配，让原本不大的空间变得有趣。

01 把洗手盆的位置放到了卫生间的外面，既美观又实用，紫色的马赛克，既是点缀空间的亮点，又起到了区域划分的作用。

02 走道吊顶采用木制假梁装饰，和地面仿古砖拼花上下呼应，流露出浓郁的乡村风格。

03 客厅采用黄色墙面、白色家具搭配碎花窗帘、沙发，凸显出美式乡村风格。地面紫色马赛克与织物色彩相呼应，同时划分了空间区域。

04 餐厅的墙上，一面很大的装饰银镜增加了空间的深度，让就餐空间不再压抑，空间更显得宽阔。

舒适两房 | 风来香满屋

设 计 师：非空
项目地点：深圳市
建筑面积：98 平方米
主要材质：仿古砖、柚木复合木地板、有色面漆

设计师利用有色漆、彩绘及精心选搭的软装饰品为我们创造了一个古朴、自然、清新的居家环境。米黄、苹果绿、红色、蓝色等不同的色彩让每个房间都具有不同的表情。一串彩绘花卉、几枝杨柳是那么栩栩如生，仿佛来到了夏日的乡间，微风拂柳、阵阵花香。充满生活情趣的小摆件无不体现了设计师的独特匠心，让我们感受到遥远的欧式乡村风情。

01 餐厅墙面装饰着白色窗框和镜面构成的拱形假窗，既放大了空间感，又极富装饰特色。

02 入户利用白色干枝、麻绳串成一道别致的门帘，搭配素色小几、装饰吊灯，形成古朴、自然、别具匠心的入户端景。

03 一串彩绘玫瑰由门延伸至墙，最终盘绕着古铜色的灯座，斑斓的色彩与彩色玻璃灯罩相呼应，婉约、柔美，空气中也仿佛弥漫着阵阵幽香。

舒适两房 | 自然清新田园风格

设 计 师：非空
项目地点：深圳市
建筑面积：90 平方米
主要材质：仿古砖、橡木复合木地板、红砖、有色面漆

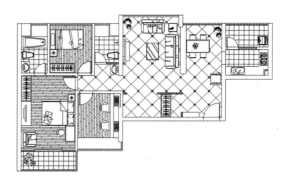

设计师在此力求创造出具有阳光森林、绿色田野意境的自然清新家园。平面的合理布置使得这个 90 平方米的空间里制造出四房两厅，设计师巧妙地"抢"了很多空间。首先改造入户花园，划分出了餐厅和鞋帽间区域。在靠近厨房门的地方摆上餐桌和冰箱，相比原始户型设置更加合理化和人性化。其次把公共空间尽力放大，半开放式起居空间互相渗透，分而不隔。最后加宽走廊宽度，是放大空间的一种延续手段。

01 客厅粉绿色墙面搭配白色实木家具，整体清新、自然，墙角顶部的一丛植物花卉图案成为点睛之笔。

02 把公共卫生间的墙向里推进并进行分区，洗手台独立出来，洗手如厕互不干扰，功能和美观都照顾到了。

03 书房沿窗位置设计了一个地台式休闲区，下部为储藏空间，既美观又实用。

04 原来的餐厅区域简单地隔墙后摇身变成一个与衣帽间相连的多功能房，大衣橱可以收纳很多换季衣服，主人平时运动用的足球、球拍甚至自行车都可以随意地堆放在角落，或者铺张床就可以是一间客房。

舒适两房 | **童话世界**

设 计 师：非空
项目地点：深圳市
建筑面积：105 平方米
主要材质：仿古砖、柚木复合木地板、有色面漆

设计师从儿童的视角出发，为我们打造了一个充满童趣的童话世界。出众的色彩搭配与各种趣味性的配饰成为空间的亮点，手绘墙则是烘托气氛不可缺少的元素。平面布局合理紧凑，利用仿真植物树干形成玄关对景，带来了强烈的视觉震撼，并暗示了空间主题。独立设计的餐桌椅，墙面各处转角的倒圆处理，显示出空间的人性化。

01

01 一棵仿真的粗大树干形成入户对景，极富戏剧效果，让人犹如进入了童话世界。

02 小孩房衣柜立面在白色柜体基础上采用手绘装饰，与室内整体气氛相协调，童趣十足。

03 透过半立体的圆形拱门可以看见不同色彩的房门，吸引着孩子们的注意力。墙角做了倒圆角处理，避免孩子们的磕碰，体现了设计师的缜密心思。

04 白色墙面采用墙绘与真实造型结合，形成虚虚实实的装饰，搭配明快的色彩，在不经意间又回到了童年，踏入了梦幻的世界。

舒适两房 | 浪漫的简欧风情

设 计 师：陈禹
项目地点：福州市
建筑面积：117 平方米
主要材质：壁纸、有色面漆、仿古砖、橡木金刚板、橡木饰面板

01

淡淡的米黄色主调使客厅显得简洁宁静，搭配色彩丰富的靠垫和地毯等，小陈设谨慎的铺设，营造出一点热闹的氛围。卧室墙面有色漆清新淡雅，米色木作家具，温馨、时尚、浪漫。小面积的色彩也是锦上添花的点缀，如厨房相邻色的小方砖，让整体宁静的基调更加活泼灵动。

01客厅整体色彩淡雅清新，浅黄色的有色面漆和淡雅米色的木框，精致小巧的家居，一切都是那么小心翼翼，生怕破坏了这份宁静。

02米色的墙面与白色的餐桌椅相协调，墙边的小隔断与厨房的墙面砖相呼应。

03主卧室背景浅米色的墙裙，延续北欧风情，推拉门洒进来的阳光让卧室也变得漂亮起来。

舒适两房 | 异域风情

设 计 师：林德华
项目地点：福州市
建筑面积：105 平方米
主要材质：仿古砖、黑胡桃木、鹅卵石、马赛克

本案在设计上注重空间搭配，多采用开放式空间，让自然光在不同质地的表面上得到充分的反射和扩散，营造出丰富、雅致的室内环境。不同肌理的材质强调了空间感和秩序感：形式古朴、色泽温润的花砖在不知不觉中延伸了地面空间；独具风情的波斯纹样瓷砖，传达出来自异域国度的文明和神秘；柜门搭配上地中海式的藤编材料，颇具艺术观赏性。诸多富有浓郁历史文化的古典家具，作为诠释空间的精品符号，在不经意间成为视觉停留和休憩的地方，将空间的魅力完全释放出来。

01 电视背景墙铺设着波斯纹样的瓷砖，周围装饰一圈深色实木拱形套，再加上精心配置的古典家具、陈设，空间弥漫着浓郁的异域风情。

02 空间之间的门洞都是半弧形的，吻合空间的异域风情。

03 设计师在入户走道上设计了一线条简练的白色壁炉，搭配富有异国情调的灯具，使得此处成为踏入居室后的第一个高潮。

舒适两房 | 花田喜事

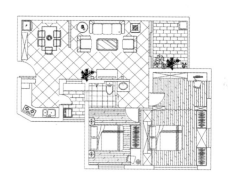

设 计 师：非空
项目地点：深圳市
建筑面积：90 平方米
主要材质：仿古砖、橡木复合木地板、有色面漆

原建筑结构是一个典型的方正结构小户型，客厅和餐厅用透空屏风隔断，空间层次丰富又不显得拥挤。主卧和书房连为一体，拱形门洞垂挂着红色纱帘，温馨又喜庆。整体没有太多复杂的造型和色彩，宜家的家具在这里再次成为主角，通过组合和搭配，洁净、简单而又充满生活气息的小家呈现在我们面前。

01 蓝色有色漆使得这个阳台变得与众不同，一组做旧实木花架摆放着生机盎然的植物花卉，成为此处空间的主角。

02 透过红色纱帘可以看见书房一角，米黄色水泥漆映衬着样式简单、质朴的白色书桌、书架，温馨而又充满生活气息。

03 浅粉色和白色成为空间主色调，搭配浅咖啡色仿古砖，整体明亮、温馨、亲切。

舒适两房 | 材质与色彩 构筑北欧风

设 计 师：杨琴
项目地点：宁波市
建筑面积：90 平方米
主要材质：仿古砖、壁纸、杉木板

本案采用了不同风格的元素装扮展现了不一样的北欧风格韵味，让人不由地感叹到原来混搭下的家在精心装饰之后，可以如此精致、妩媚而优雅。

01 拉开红色帷幕，进入餐厅空间区域，白色木质的餐桌组合，餐桌布上的布艺图案，体现了北欧乡村的自然感。墙面不平行的壁龛嵌入，产生了交错感，同时作为空间的展示柜，盆栽的放置，为空间增添些许绿意。

02 朴素的棕色花纹壁纸贴饰墙面，使得布艺沙发和白色收纳柜更加跳跃，生活的自然味随之呈现。

03 暗红色的轻纱帷帐，隐约中带给空间朦胧美，浪漫气息油然而生，给主人营造了私密空间。

舒适两房 | 洋溢着快乐与活泼的家

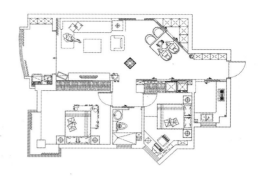

设 计 师：刘克
项目地点：南京市
建筑面积：90 平方米
主要材质：水曲柳金刚板、银镜、杉木板、茶镜

本案设计师旨在打造一个明朗活泼的生活空间。在入户后区域设计一道斜向墙体，打破了原建筑的方正感，并且利用角落形成储藏室，兼具实用性的同时又使得空间变得生动、活泼起来。另一个亮点是利用原有阳台形成一个相对独立的休闲区，满足户主的多种功能要求，又使得客厅看起来更加宽敞。

01 设计师将原有客厅阳台地面抬高，吊顶以杉木板装饰，形成舒适的休闲空间，户主既可以在这品茗聊天，又可以安静地看书，成为放松心灵的最佳去处。

02 设计师巧妙地将储藏空间隐藏在餐厅白色框边的推拉门后，镜面的运用拓宽空间视觉效果。

03 儿童房要求突出的是孩童的天真和生趣，所以在这里加入桃红色，床铺也选择同样亮丽的米老鼠图案，让孩子在这个属于自己的小天地里，尽情地表现其童真的一面。

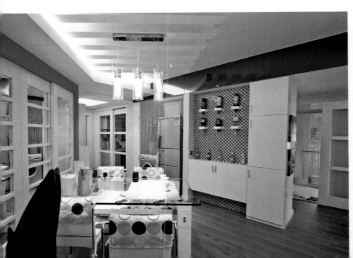

舒适两房 | 时尚与静态

设 计 师：毛壵
项目地点：梅州市
建筑面积：96 平方米
主要材质：玻璃砖、桑拿板、灰镜、石膏板、水曲柳金刚板

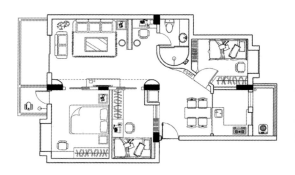

在本案里原始的两房空间被巧妙地改成三房空间，合理规划了空间格局，使空间的采光度达到最佳。镜面的设计，创造出隐约的深浅层次，展现出不同情调与氛围，使光线在室内多角度的相互辉映。走廊空间的时空流动感与客厅的淳朴感觉，形成巨大的对比。时尚感的家具搭配，在暖色调的空间中，打造空间的平衡感，展现出动与静相结合的居室。

01 巧妙地利用灰镜饰面，投射出空间的陈设，试图拉大空间的视野感。

03 简易的几何造型柜台，嵌入木条的随意摆放，形成空间的隔断，营造出富有时尚感且具有生气的氛围。

02 简洁块面的拉伸，打造墙面的凹凸立体感，再配以玻璃砖的装饰，具有穿透力，带来明亮清新的质感。

04 原木的铺贴，将材质的肌理毫不保留地表现出来，为空间带来一丝惬意。亮眼的红色沙发组合，丰富了空间的色调，形成活泼的气氛。

舒适两房 | 泰式风情

设 计 师：何华武
项目地点：郑州市
建筑面积：98 平方米
主要材质：仿古砖、泰柚木实木地板、车边银镜、斑马木饰面板

01

本案采用泰式风格，空间结构简单而紧凑。设计中墙面与吊顶采用大量的斑马木饰面板，搭配同色系的壁纸，使得整体色调浓重。具有泰式风格的家具陈设，让泰式风味浓烈而不张扬，让人沉静在它略显内敛的华丽和大气中。

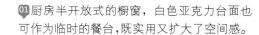

01 厨房半开放式的橱窗，白色亚克力台面也可作为临时的餐台，既实用又扩大了空间感。

02 客厅电视背景墙两侧采用了同色系的壁纸、云石构成，突出了中间部分的白色陶砖，两幅大象主题的浮雕装饰画使得空间泰式风格更为明确。

03 正对餐桌的车边银镜打破了壁纸以及木纹板带来的沉闷感，使得整个空间灵动起来。

舒适两房 | 地中海"蓝山"

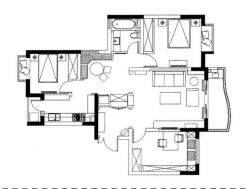

设 计 师：韩蓉　刘玉泉
项目地点：上海市
建筑面积：117 平方米
主要材质：仿古砖、马赛克、有色面漆、铁艺

从步入房门的刹那间，你就能感觉到一股地中海吹来的海风。蓝与白，纯粹的颜色，勾勒出最纯粹的地中海风格。墙面的装饰品更是设计师精心挑选的，每个饰品都含有其不同意义。简洁的天花板造型，拱门的设计和打磨过的墙角，配合自然光线的照射，不仅使空间更富有变化层次，让整体设计更加融合。

01 开放式的厨房和圆形的餐桌，大小不一镶嵌的艺术照装饰墙面，使其成为空间的视觉焦点，体现了主人追求自由、享受生活的理想。

03 书房用白色的墙面配以蓝漆的书柜，顶上一排波浪状的线条，活泼了空间氛围。即使在读书办公时，依然能沐浴在清新的海风中。

02 卫生间的设计进一步延续了整体的蓝白色彩，墙面的蓝色块造型实为抢眼，使主人在每一个角落都能尽情地感受地中海的惬意与悠闲。

04 电视背景墙旁采用壁炉的造型来装饰墙面，打磨无棱角的墙角，不规则的流线型，无处不流露出地中海风情。

舒适两房 | 太初有道

设 计 师：黄鹏霖　黄怀德　黄恺钧
项目地点：台北市
建筑面积：98 平方米
主要材质：钢刷梧桐木皮、烤漆玻璃、半抛石板砖、环保木地板

---

01 客厅电视背景墙保留砌砖墙面作涂装处理，无
需过多修饰，尽可能以最原始面貌呈现质感。适
当的留白墙面，最简化的设置，仅有电视壁挂空
间及影音设备层板，为简化使用上的繁琐，也适
当为空间保留未来添加的可能性。

02 主卧天花则以斜面封板，修饰横穿过此空间的
大梁，同时增加空间的高度与趣味。设置间接照
明，一方面柔化卧房内的较为狭迫的局促感，另
一方面也能具体演化出斜面天花的各向角度。

本案以中性的白色与灰色为主轴基调，折叠式的推拉
门把半开放式的空间联系在一起。以明确的比例划
分动静空间，以实际需求结合整体设计，并且充分满足
了功能性，也使得原本狭隘的空间变得通透明亮。

阔绰三房

与300位室内设计师对话·自然清新

与300位室内设计师对话·自然清新

与300位室内设计师对话·自然清新

与300位室内设计师对话·自然清新

与300位室内设计师对话·自然清新

与300位室内设计师对话·自然清新

与300位室内设计师对话·自然清新

木质生活

阔绰三房

设 计 师：张德良　殷崇渊
项目地点：台北市
建筑面积：120 平方米
主要材质：杉木板、白橡木金刚板、仿古砖、钢化玻璃、有色面漆

本 案以紧凑而丰富的空间构成，低调而又内敛的
同时颇具现代风格。开放式的空间，彼此相互
联系又有独立的功能性。

01　02

01 客厅的电视背景墙以大片的杉木板拼贴而成，其上又有设置其他电器的小位置。板与板之间留有些许缝隙，放上 CD 盘，使其不显单调。

02 书房以钢化玻璃为墙，与餐厅相连，视野上更为宽阔。

03 阳台与客厅没有任何阻隔，仅以不同的地板材质区分。阳台改造成小吧台，丰富了其功能性。

阔绰三房 | 精致生活

设 计 师：潘旭强　刘均如
项目地点：深圳市
建筑面积：126 平方米
主要材质：黑镜、灰镜、皮革、壁纸、仿古砖、马赛克

本案所要诠释的是一种精致的生活。在每个角落里，都可以找到精致的痕迹。一只杯子，一只餐叉，或者一只花瓶，一束鲜花，都能成为精致生活中不可或缺的元素。在这里，人们所看到的是一种超然于现实的静谧。在这里，可以寻找到内心的那份静然。

01 电视背景墙以白色方格组成，电视机的位置背后贴饰黑镜，其余以皮革贴饰，凸显精致高雅的风格。

02 开放式的厨房以贴饰米黄大理石的吧台为隔，凸显其功能性和装饰性。吧台的踢脚处还设置了一块可以脚踩的踏板，十分人性化。

03 皮革以不锈钢边条包边装饰床铺背景墙，与空间的整体格调相协调。低矮的吊顶被灰镜遮掩起来，不仅掩饰了其不足，无形中也拓宽了顶上空间。

阔绰三房 | 曼哈顿风情

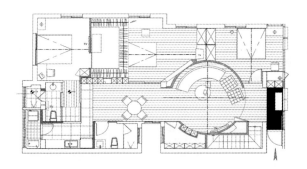

设 计 师：黄鹏霖
项目地点：台北市
建筑面积：181 平方米
主要材质：钢化玻璃、不锈钢、红檀木金刚板、红砖、仿古砖

从　狭长老旧空间，摇身变成曼哈顿上流阶层的美式风格成熟住宅。本案从功能出发再进行设计，具有大面积的更衣室及展示橱柜，是特别针对业主的需求量身打造的。设计师通过不同材质的搭配与变化，打造出空间时尚感又不失稳重的特性。为了营造特殊的视觉体验，创意性地运用圆的元素，传达出屋主与众不同的个性。

01 电视背景墙以嵌入墙面的展示柜为焦点，表达出如精品陈列的时尚感，与外露的红砖形成阳刚与温柔、粗犷与细腻的戏剧性对比。

02 空间中两道弧形墙，除了大幅提高房子的空间感外，更是影响空间风格的重要元素，墙面采用裸露红砖的方式，呈现曼哈顿街头混搭的风格。

03 素色的白墙，没有过多的装饰处理，长条的玻璃窗用黑纱遮盖，来避免阳光的照射，并增加了空间的私密性。

阔绰三房 | **都市乡村**

设 计 师：非空
项目地点：深圳市
建筑面积：130 平方米
主要材质：仿古砖、泰柚木复合木地板、有色面漆、红砖

设计师在这个规矩方正的空间中打造出一个都市乡村风情的家。整体色调以蓝灰色、白色和米黄色为主，对比明快。沙发、门以及踢脚线以蓝灰色为主，搭配原木色的家具，把怀旧感呈现得淋漓尽致。设计师还在空间中设计了许多富有生活情趣的细节，软装搭配也非常到位，凸显出浓郁的都市乡村风情。

01 一堵装饰矮墙遮挡了入户视线，蓝灰色调的窗框带来淡淡的怀旧感，顶部垂下的绿色植物带来一室的勃勃生机。

02 墙面局部外凸，上置一块装饰层板构成电视背景墙，林林种种的陈设品搭配大小不一的装饰画，显示出浓烈的生活气息。

03 厨房与客厅以装饰酒架相隔，做旧处理的红砖与天然的实木枝干带来了浓烈的乡土气息，手绘的绿叶把绿色生命继续延展开来。

04 餐厅没有繁杂的桌布和多余的点缀装饰，简朴的家具和古老的吊扇，时间在此也仿佛放慢了脚步，一切都是那么的亲切、自然、随意。

阔绰三房 | 怀旧的新中式

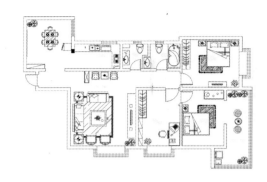

设 计 师：谢文川
项目地点：西安市
建筑面积：160 平方米
主要材质：仿古砖、红樱桃木实木地板、壁纸

本 案以怀旧的新中式为主题，融入天然质朴的材质，优雅整洁的色调搭配新中式配饰，打造了一个富有情调的典雅之家。在软装配饰方面，具有新中式风格的家具成为装饰的主角，富含奢华感。传统与现代的邂逅，营造出温馨、复古、唯美的新中式混搭风。

01 卧室是唯一与外面的中式风不同的空间，碎花的壁纸关起门来，又是另一个世界。

02 阳台的墙面与地面以同种瓷砖连成一体，一旁的摇篮椅显露出轻松、休闲的气息。

03 以博古架的形式作为玄关，克服了传统过于直白的入户方式，同时让居室的内外部环境更为有机协调，为空间增添些许隐秘性。

阔绰三房 | 古典的现代情怀

设 计 师：林文学
项目地点：上海市
建筑面积：130 平方米
主要材质：玻化砖、红檀木饰面板、水曲柳木线条、壁纸

本案巧妙地采用简洁的线条勾勒，透露出一丝的古典美，并且运用在每个空间之中，彼此相连，产生更多丰富的空间表情。白色调为主，黑白的经典搭配，再加以其他色系的迎合，在柔和灯光的营造下，打造出暖色调的浪漫情怀，将古典风情完美地演绎在现代空间中。

01 小面积的白色软包装点，整齐有序地排列，窄条镜面镶嵌于软包上，给空间带来了层次感与开阔感。

02 墙面以窄条的木格栅装饰，素白色调中蕴含着线条律动感，丰富了墙面的造型，与沙发背景墙相呼应，整体设计协调统一。

03 "U"形的厨房空间，没有过多的吊柜，空间显得宽阔。

04 卧室的背景墙，同样采用了客厅长条的白色软包的点缀，形成呼应。深木色打造的推拉隔断，无形中隐藏了更衣室的区域空间。

阔绰三居 | 中式禅风的居住意境

设 计 师：谢恩仓　Sean Hsieh
项目地点：台北市
建筑面积：151.8 平方米
主要材质：白橡木饰面板、玻化砖、黑镜

01

沙发背景墙日式格栅的运用，在空间视觉上产生了层次的趣味感，在灯光的映照下，形成斑驳错落的光影，桌面、茶几等也运用了这种元素，让整体空间更显丰富温暖。仿清水模的电视背景墙展现日式简约风格，采用低矮的家具做搭配，营造出放松、舒压，隐身于自然的感觉。

01 书房空间与餐厅空间利用水族箱作区分，既有适当阻隔，又不显得拥堵。

02 成排的柜体由中间的黑镜来削弱其笨重，黑镜同时也为整个空间的色调起到平衡作用。

03 利用水族箱造景降低空间阻隔感，中间的黑镜同时也具备借景功能，墙上抽象的壁画与空间静谧的禅意有相近的气质。

04 白色软垫与抱枕把飘窗打造成为一个绝佳的休闲区，活动式的小茶几在使用上更加方便惬意。

阔绰三房 | 素色调的演绎

设 计 师：安东
项目地点：烟台市
建筑面积：120 平方米
主要材质：白橡木金刚板、釉面砖

本案空间以素色调为主，搭配少许多彩的家具，对空间进行色彩的演绎，丰富空间的视觉效果。陈设品的精心挑选，小到台灯，大到家具的设计，都颇具十足的现代感。

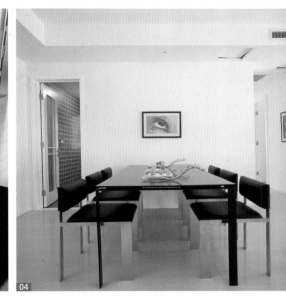

04

01 在简洁的空间中，两张具有民族风情的沙发椅，成为书房的装饰品。

02 简洁的空间中，黑白的经典搭配，打造出具有现代感的空间。素白色调与黑色的对比，试图体现出空间冷色系的时尚特质。

03 素色调的空间中，选择绿色色系来加以铺陈与暗示，给空间增添丰富而有生气的氛围。

04 黑色的餐桌椅，线条简洁，为素白的空间增添低调的时尚感。

阔绰三房 | 浓郁的地中海风情

设 计 师：张有东
项目地点：南京市
建筑面积：130 平方米
主要材质：马赛克、地砖、壁纸

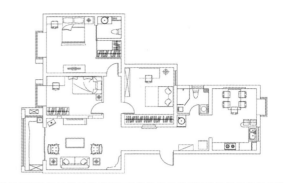

设计师根据地中海风格所具有独特的美学特点来设计该空间。整体色调上，选择接近自然的柔和色彩，蓝色与白色的搭配，形成一种地中海风格独特的色彩组合。线条简单且修边浑圆的木质家具，在组合搭配上避免琐碎，更显得大方、自然，让人时刻感受到地中海风格家具散发出的古老尊贵的文化品位。

01 以壁炉的造型作为电视柜的设计，素白的墙面上，形状不一的凹槽，以蓝白马赛克为底，不仅成为空间的视觉焦点，而且兼具放置陈设品的作用。

02 亮黄色的墙面犹如热情的太阳，无形中增加了空间的明亮度，小面积的蓝白相间的马赛克贴面，将直线倒成圆角，丰富墙面的视觉效果。具有古老异域风情的电风扇，搭配吊灯的装饰，提升整体空间的品位。

03 拱门造型作为空间的主要设计元素之一，利用这一元素在墙面打造陈设柜，来增加墙面的亮点，并与通道的拱门造型形成呼应，将空间联系起来。

阔绰三房 | 曲线下的灵动空间

设 计 师：萧爱彬
项目地点：武汉市
建筑面积：150 平方米
主要材质：水曲柳金刚板、有色面漆、银镜、石膏板

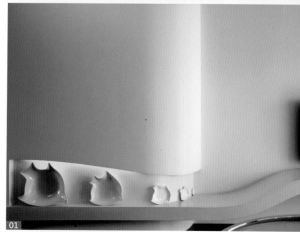

本案设计师运用了具有美感的曲线勾勒空间的各个区域，将彼此贯通串联，形成呼应。素白色调，给人带来一种典雅、明亮的感觉。以此为主色，适当地搭配暖色调，以及精致的家具组合，使居家展现出十足的和谐。在墙面的拐角处，或天花板的设计上，设计师独具匠心，巧妙地采用不同的时尚装饰元素，带给空间丰富的视觉效果。同时透过落地窗、银镜，将空间放大，打造出宽敞、灵动的居家空间。

01 电视背景墙的台面曲线延伸，生动妙趣，由高而低地滑下，与墙体相连，塑造了灵动感的墙面。鱼儿造型的瓷器，由大至小的排列，转折入墙面，产生了进深的关系，更在灯光下显得惟妙惟肖。

03 墙面打造成"L"形的块面造型，搭配轻纱帷幔，营造出空间的浪漫气息。白色系的卧室空间，简约典雅，连同居家床品也采用同种色系，赋予了空间纯净之感。

02 天花板的曲线流动，增添了空间的韵律感，餐厅顶面的祥云镂空图案，加以暖色调的映射，使祥云更加细腻精致。

04 沙发背景墙后的一块白板，别具特色，镂空曲线的随意勾勒，大小不一的缺口，使其底色透露出来，成为空间的视觉焦点。连成一片的银镜，拉大了空间的开阔感，更显通透。

阔绰三房 | **东西结合**

设 计 师：梁锦标　Setmund Leung
项目地点：珠海市
建筑面积：150 平方米
主要材质：水曲柳饰面板、文化石、壁纸 、仿旧木地板、烤漆玻璃

整个空间的色调柔和，以浅驼色壁纸搭配浅木纹板，显得温馨、舒适。造型以直线条为主，协调了东西方两种风格。入口处的餐厅设计成日式的风格，卧室同样采用榻榻米式设计。两间男孩房造型相似，分别以蓝色和绿色来渲染，代表着不同年龄和喜好的男孩特性。

①客厅的家具组合流露出现代感的西式布局，而造型独特的假天花，成为客厅的焦点。其中大量的水晶和有趣的饰物，成为和谐两种风格的桥梁。

②餐厅以榻榻米的形式，点出简约日式风格，营造出和谐温馨的气氛。

③主人房亦以大量木纹板作家具材料饰面，并抬高地面加以暗藏灯带，增添空间的情调和温馨感。

④男孩房的床与书桌一体化设计，蓝色的烤漆玻璃与软包布艺色彩呼应，整体整洁、清新。

阔绰三房 | 一个完美的混搭空间

设 计 师：刘伟
项目地点：荆州市
建筑面积：152 平方米
主要材质：玻化砖、仿古砖、壁纸、杉木板

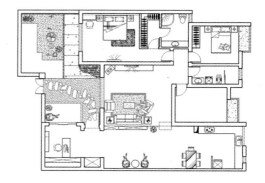

01 | 02

本案的设计师在现代风格的主调里巧妙地融合了中式和田园风格。重点刻画体现在软装上，使用了中式元素和大量的绿色植物，同时搭配了花色得当的布艺窗帘。整体风格轻松自然、随意亲切。

01 在客厅与过道之间采用鱼缸和绿色阔叶植物作为隔断，其作用不仅仅是点缀家居，还能有效地改善室内的气场。

02 设计师将实木切割成一条条宽窄不同的木条，一一拼凑到电视背景墙上，使得实木与白色的块面组合更显自然与脱俗。

03 粉色的碎花壁纸，粉色的床上用品，粉色的布艺窗帘，它不同于以往的田园风格，而是以整体柔美的色彩，给我们的视觉带来了极大的冲击。

04 书房和过道的墙面和家具均为白色，虽然感觉轻松洁净但也比较单一，在端景墙面悬挂一幅书法作品，整体氛围顿时亮眼而轻松。

03

04

阔绰三房 | 清新自然的乡村风格

设 计 师：连君曼
项目地点：福州市
建筑面积：130 平方米
主要材质：仿古砖、文化石、杉木板、洗米石、铁艺

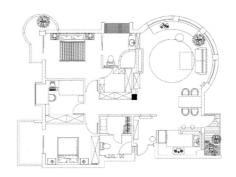

设计师通过松木、水曲柳饰面板、文化砖和铁艺等材料向人们展示着一个清新自然的空间，传达着一种浓烈的乡村气息。无处不在的自然元素带给人清爽的感受，进入其中如沐春风。加上一些碎花或素雅色彩的花纹，更是显得春光明媚，一片生机。

01 入户白墙开设了一扇尖顶花窗，使得空间亦藏亦露，又暗示出浓烈的异域风情。

03 淋浴房隔墙、洗手台与墙面有机地连为一体，墙面贴饰的洗米石与顶部杉木板、地面仿古砖无处不流露出自然的味道，乡村味十足。

02 餐厅与厨房以文化砖贴饰的吧台相隔，无论是染色水曲柳台板还是流露自然色差的文化石，都将人的思绪带入了清新自由的美式乡村中。

04 电视背景墙的壁炉以文化砖贴饰，实木与天然的文化石，带来浓厚的美式乡村风情。

阔绰三房 | 西雅图梦之旅

设 计 师：赵明明
项目地点：深圳市
建筑面积：120 平方米
主要材质：红樱桃实木地板、壁纸、仿古砖、铁艺

白色的家具、米黄色的墙面和深色的木地板共同打造了一个异域风情的家。无处不在的花纹图案透出柔和惬意的感觉，使得空间浪漫而轻松；客厅呈淡蓝色的布艺沙发完美装饰了空间，植物的点缀使得空间清新而独特。

01 墙与天花交界处使用壁纸装饰线围边，一方面让二者不同色彩自然区分，另一方面丰富视觉感受的同时加强了客厅围合的心理感觉。

02 门洞的处理很巧妙，不同大小的圆弧处理分外出彩，套线之间的材质变换带来迷人的装饰美感。

03 门边线的处理上稍做变化，使用镜框线，比一般门边线更为立体精致的花纹让空间也更为雅致。

阔绰三房 | **恬静**

设 计 师：许宏彰
项目地点：台北市
建筑面积：120 平方米
主要材质：黑檀木饰面板 、玻化砖、有色面漆、壁纸、钢化玻璃

本案的主人为海外华侨，因此注重合理布局的同时，更需要高品质的生活品位。
设计师在装饰上没有过多的手笔，而在整体的家具布置和软装搭配上，以恬
静和谐的方式相互依存。

01 电视背景墙以黑檀木饰面板贴饰，深色的墙体平衡了空间，极简的方式凸显空间的淡雅风格。

02 餐厅与客厅之间没有任何阻隔，淡蓝色的墙壁更是凸显深木色家具的重要性。

03 书房仅以玻璃一隔为二，办公与阅读两不误。简洁的书架，兼具功能性与装饰性。

03

阔绰三房 | **自然天成**

设 计 师：杜海鹰　张涛
项目地点：长沙市
建筑面积：130 平方米
主要材质：水曲柳面板、镜面不锈钢、壁纸、仿古砖、马赛克、
　　　　　竹木饰面板

设计师把暖色作为主体基调，并通过简洁的造型手法及对整体色调的有效把握，给业主营造了一个人性、温情、和谐的居住空间。电视墙面的满墙竹香，过道自由嬉耍的金鱼，阳台随意摆放的盆栽，无时不在提醒这里的盎然生机，一切几经刻意可终归随意，仿佛都是自然天成。

01

02

01 冷灰色走道墙面装饰的黑白画，形成视觉端景，同时具有一定的引导作用。

02 设计师将阳台改造成客厅的一部分，扩大了空间感，同时以暖黄色仿古砖区分，使之成为相对独立的休闲区。

03 客厅与餐厅通过色彩呼应有机地联系在一起，餐厅灰色墙面颜色与布艺沙发相一致，同时与暖黄色壁纸形成冷暖对比。

04 餐厅与走道之间设置了一鱼缸，空间更显灵动、通透。

阔绰三房 | 原始材质延续于现代

设 计 师：杨东晓
项目地点：香港
建筑面积：165 平方米
主要材质：文化砖、仿古砖、钢化玻璃、黑铁木饰面板

本案运用了古朴、素旧的材料加以设计，不做过多的修饰，如粗糙表面的砖、石料、木质等，渲染出空间的原始感。同时还要兼顾空间的舒适感与整体美感，时尚简约的家具组合，更有绒毛般的地毯，呈现出雅致、舒适的居室空间。

01 电视背景墙预留出电视机的空间区域，两侧的深色木柜放置，使空间可以储放更多的物品，同时缓解了梁上的压迫感，给空间带来了沉稳气息。

02 石材的直接裸露，纹理不加修饰，毫无保留地呈现墙面的粗犷，更加富有层次。

03 灰砖饰面，利落简洁的线条分割块面造型，同时将墙面适当地凹入，加以灯光的投射，表现出空间的细腻感，创造出不一样的视觉效果。

阔绰三房 | 线条勾勒的记忆

设　计　师：连君曼
项目地点：福州市
建筑面积：120 平方米
主要材质：玻化砖、仿古砖、马赛克、玻璃、砂岩、水曲柳饰面板

本案设计师大胆地运用了北欧风格的家具，精心搭配出这个功能齐全，温馨、舒适的欧式居家。北欧风格的装修是最富有人文风情和艺术气质的装修风格之一，设计师通过拱门来体现空间的通透，用文化砖装饰电视背景墙，开放式厨房功能分区体现开放性，表达北欧风格的自由内涵，同时，通过白色和褐色为基色的色彩搭配方案，自然光线的巧妙运用，表达出北欧风格浪漫情结。

01 拱形是欧式空间中常见的设计符号，此处设计师将入户大门上部设计为拱形，同时与客厅拱形壁龛相呼应，体现空间的北欧风情。

02 卧室背景墙以深咖啡色竖纹墙纸饰面，搭配深色实木家具，欧式的典雅与浪漫洋溢其间。

03 走道尽头以陶砖拼贴饰面，形成空间端景。质朴的色彩及肌理展现出一种朴素、清新的原始之美。

阔绰三房 | 简约而不简单的生活空间

设 计 师：谭巍　马然
项目地点：西安市
建筑面积：150 平方米
主要材质：红橡木饰面板、红樱桃木、壁纸、玻化砖、黑镜、灰镜、
　　　　　钢化玻璃

入口处厨房墙面局部为玻璃，既削弱了走道的局促感，又加强了餐厅采光。红色成为空间的一个联系纽带，串联起了各个功能区域，为这个素雅的空间注入了热情和活力。

03 04

01 客厅设计简洁、大方，这里没有多余的线条装饰，也没有高档的材料，深色壁纸装饰的背景墙局部留出一小小的壁龛，流露出设计师的玲珑心思。

02 餐厅墙面采用黑镜与咖啡色壁纸穿插饰面，一块白色人造石形成装饰搁架，简单的处理方式使得此处空间变得生动、明快，同时与顶部造型相呼应。

03 沙发背景墙贴饰红橡木饰面板，横向深色勾缝尺寸把握得恰到好处，构成设计细节。局部穿插银镜装饰，空间虚实变化，形成对比。

04 卧室利用阳台区域打造成一休闲空间，同时也拓宽了卧室空间。

阔绰三房 | 不经意间的 欧陆情结

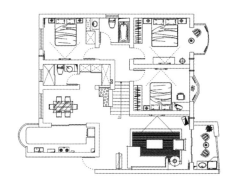

设 计 师：周松华
项目地点：上海市
建筑面积：135 平方米
主要材质：玻化砖、白影木饰面板、烤漆玻璃、壁纸、银箔

室内造型以直线条为主，显得干净利落，无任何繁琐的装饰。无论是客厅的银箔装饰线条，还是时尚的装饰吊顶，都流露出欧式的典雅与高贵。空间色彩以白色、米黄色为主，局部家具和陈设点缀着少量黑色，整体对比明快。

01 错层处的楼梯旁以白色云石装饰的矮台作为楼梯护栏，地面局部以黑白卵石铺饰，使得这个角落空间不再单调。

02 电视背景墙以米黄色软包装饰，天花板上内凹的银色装饰线条，提升了空间的欧式情怀。宽大的银箔饰面线条，整体简约中流露出尊贵。

与设计师对话 Q&A

Q：小户型暗厅如何装修会更好一点？

A：暗厅最大的问题是解决采光，在装修暗厅时可以适当采用落地玻璃门，这样有利于暗厅的采光。另外在墙面漆颜色的选择上，尽量以白色为主。再则增加空间的反光率，往往也可以增加整个客厅的采光。

Q：请装修公司装修房子会给哪些装修图纸？

A：装修图纸就是施工图纸，一般有：
1. 图纸目录。
2. 设计总说明（即首页）。
3. 建筑施工图。
4. 结构施工图（简称结施）。
5. 建筑装修施工图（简称装修图）。
6. 设备施工图（简称设施）。
另外还有排水、水管、电路等详细结构图。

Q：筒灯和射灯有哪些区别？

A：射灯是典型的无主灯、无定规模的现代流派照明，可局部采光，营造室内照明气氛。若将一排小射灯组合起来，光线能变幻出奇妙的图案。由于小射灯可自由变换角度，组合照明的效果也会千变万化。
筒灯是一种嵌入到天花板内，光线下射式的照明灯具。它的最大特点就是能保持建筑装饰的整体统一与完美，不会因为灯具的设置而破坏吊顶艺术的完美统一。这种嵌装于天花板内部的隐置性灯具，所有光线都向下投射，属于直接配光。筒灯不占据空间，可增加空间的柔和气氛。

Q：如何贴壁纸？

A：贴壁纸的基本顺序：
1. 墙面处理：用刮板将墙面杂质、浮土刮除，凹洞裂缝用石膏粉铺好磨平，如墙面质地松软或有粉层以及扫过乳胶漆的，则应先涂刷一次墙纸基膜，使墙面牢固，壁纸才不会脱落。
2. 裁剪壁纸：先测量墙面高度，再裁剪壁纸长度。有两种情况：不对花壁纸依墙面高度加裁 5~8 厘米，作为上下修边用；对花壁纸则需考虑图案的对称性，故裁剪长度要依实际情况增加，通常会加长 8~10 厘米。
3. 涂刷胶液：将壁纸胶液用毛刷涂刷在裁好的壁纸背面，特别注意四周边缘定要涂满胶液，以确保施工品质，涂好的壁纸，涂胶面对折放置 5~10 分钟（注意：不得施加外力，以免壁纸出现折痕，特别是无妨布。）使胶液完全透入纸底后即可张贴，每次涂刷数张壁纸，并依顺序张贴。
4. 壁纸施工：一般是在门边或阴角由上向下张贴第一幅壁纸，用刮板由上向下，由内向外，轻轻刮平墙纸，挤出气泡与多余胶液，使壁纸平坦紧贴墙面。
5. 修边清洁：将上下两端多余壁纸裁掉，刀口要锋利以免毛边，再用海绵沾水将残留在壁纸表面的胶液完全擦干净，以免壁纸变黄。墙纸干燥后，若发现表面有气泡，用刀割开注入胶液再压平即可消除（用针筒更好）。

Q：客厅壁纸色彩搭配有什么技巧？

A：一般来说，选择壁纸要根据房间的光线考虑。朝南或是朝东的房间光照充足，甚至有一点明晃晃的感觉，壁纸宜选用淡雅的浅蓝、浅绿等冷色调。如果光线非常好，壁纸的颜色可以适当加深一点以综合光线的强度，以免壁纸在强光的映射下泛白。此外，不宜大面积使用带反光点或是反光花纹的壁纸，如果用得太多，就像在墙面装了很多小镜片，让人觉得晃眼。朝北或是光照不足的房间，壁纸应以暖色为主，如奶黄、浅橙、浅咖啡等色，或者选择色调比较明快的壁纸，以免过分使用深色系强调厚重，使人产生压抑的感觉。

Q：噪音很大，怎么增加门窗的隔音效果？

A：可以考虑安装双层隔音玻璃。如果是使用年限久了，门窗的缝隙变大，窗体材料老化，可以在门窗边缘接缝处换新的橡胶边条，使门窗更为紧密。另外可以在门窗内侧上方安装一个可拉升的卷帘，卷帘的宽度比门窗左右边缘宽 50 毫米，在夜间休息时，关闭门窗后可将卷帘拉下来遮住整个门窗，这样门窗和卷帘间形成一个夹层空间，能很好地改善隔音效果。

Q：怎样重新涂刷家具油漆？

A：1. 应根据木材表面的粗糙、坚硬程度，选择相应型号的砂纸打磨。通常，木质家具的油漆要刷 3~5 遍，最多可刷 7 遍，刷第一遍漆前，调底漆时应考虑木材的密度，硬木密度高，漆就调稀一点，软木则要黏稠一点。

2. 刷漆时，应顺着木材的纹理均匀涂刷，切忌过厚。待完全干燥后用砂纸打磨，直至手感光滑，无凸起为止。用潮湿的软布擦拭几遍，最后擦干。

3. 刷第三遍漆后，打磨时使用的水砂纸要更细，而且要蘸水打磨，力度应该均匀，不要用力太猛。

4. 最后一遍漆是无须打磨的，直接上保护蜡即可。

Q：冬季是否可以进行装修？

A：从时间上讲，冬季是家装的淡季，设计师和施工队的工作时间相对宽裕，跨年度装修的工期能够安排得科学合理，避开了装修高峰期，设计方案更加周全，施工安排更加有序，这给跨年工程创造了得天独厚的便利条件。

从气候上讲，跨年度装修处于一年中最干燥的季节，空气湿度最小。年前装修公司做完水电、泥工、木工等基础工程，春节长假歇工半个多月时间，新砌墙体、线槽封盖有充裕的凝固周期，极利于板材、家具及油漆的充分风干。

从施工工艺讲，跨年度装修让做好的木作基层自然风干后，可保持长久稳定，即使有变形也可在年后及时修正；年后，天气转暖，基层干透后施工更能确保质量。

所以春节前是业主装修的大好时机。

Q：平开窗好还是推拉窗好？

A：平开窗一般多用于普通多层住宅，指向内外开启的窗扇，窗框上安装有铰链，这种开窗方式最传统，开启的动作幅度较大，能完全开启，满足空气的最大流通，但是如果遇到大风阻力，则很难开启和关闭。推拉窗，又叫梭拉窗，是水平开启的窗户，窗扇上下设有滑轨，窗扇开启后仍被遮住一半面积，开启的动作幅度较小，一般用于多风的高层建筑。

Q：如何预防吊顶不平？

A：预防吊顶不平的方法：

1. 吊顶木材应选用优质软质木材，如松木、杉木等，其含水率应控制在12%。

2. 龙骨应顺直，不应扭曲及有横向贯通断面的节疤。

3. 吊顶施工应按设计标高在四周墙上弹线找平，装订时四周以水平线为准，中间接水平线的起拱高度为房间短向跨度的1/200，纵向拱度应吊匀。

Q：阳台铁质栏杆如何防锈？

A：首先要检查栏杆是不是已经锈了，如果已经锈了，

需要铲掉并打磨光亮，完全除净后还要用0号砂纸打磨，用干布擦拭干净。

1. 刷两遍防锈漆，注意不要太厚，完全干燥后再涂刷第二遍。最后涂刷两遍面漆就可以了。可以用醇酸磁漆类，价格比较适中。

2. 喷塑：将阳台的铁栏杆铲除铁锈后，在表面喷上塑胶。建材市场上有成品喷塑胶售卖，喷涂两遍即可。完毕后就等于给铁栏杆穿了一层外套，再也不生锈了。

Q：客厅地砖白色缝隙变黑了怎么办？

A：普通的勾缝剂时间久了都会变色，现在有种材料叫美缝剂，可以直接填缝，也可以在原有勾缝剂的基础上追加一层保护层，有各种颜色可选择，这样处理后，表面光洁、方便清洁、防水防潮，可以避免缝隙滋生霉菌危害人体健康。

Q：冬季铺设实木地板需要注意什么？

A：冬季气温较低，尤其是北方地区。实木地板的施工应注意这些问题：

1. 实木地板运送到施工现场后，不应立即开包铺装，因为此时地板本身温度较低，而室内温度相对较高，如果开包铺装的话地板会出现冷凝水，容易引起变形，应放置24小时以上，让地板适应了周围环境之后再开包铺装。

2. 在地面潮湿或是地热供暖的情况下铺装木质地板，应做好必要的防潮处理。可以在地面铺设塑料薄膜，并在接缝处重叠20厘米，用胶带封严，而且要确保地面光滑，没有砂粒，以免其破坏塑料薄膜影响防潮效果。

3. 在地板选择方面，消费者可选择稳定性超强的三层实木复合地板，其在铺装过程中不需打龙骨，有利于地板的导热、散热，还可避免因龙骨防潮性能不佳，在地热的"蒸烤"下，吸收潮气，从而避免地板变形。

4. 冬季空气湿度相对较低，应保持室内的相对湿度在40％以上，这样不仅有益于人体健康，对木地板也是很好的养护。

Q：清镜、银镜、车边镜、茶镜的区别？

A：除了车边镜以外，其他的都是颜色不同而已。清镜是指用普通（白玻璃，或者叫清玻璃）的玻璃做成的镜子；银镜就是银色的镜子；茶镜就是用茶色玻璃做成的镜子。车边是指在玻璃（包括镜子）的四周按照一定的宽度，车削一定坡度的斜边，看起来具有立体的感觉，或者说是具有套框的感觉。